# 超激推

까면서 보는 해부학 만화

# 笑料  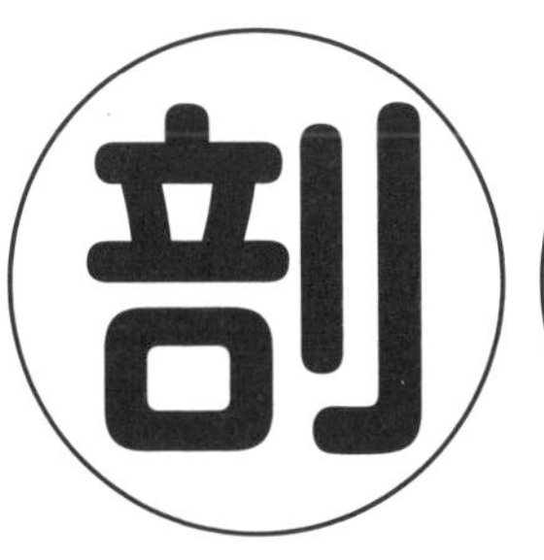  百科

# 笑料解剖學百科

作者——鄭昭映（阿杜拉）　翻譯——譚妮如

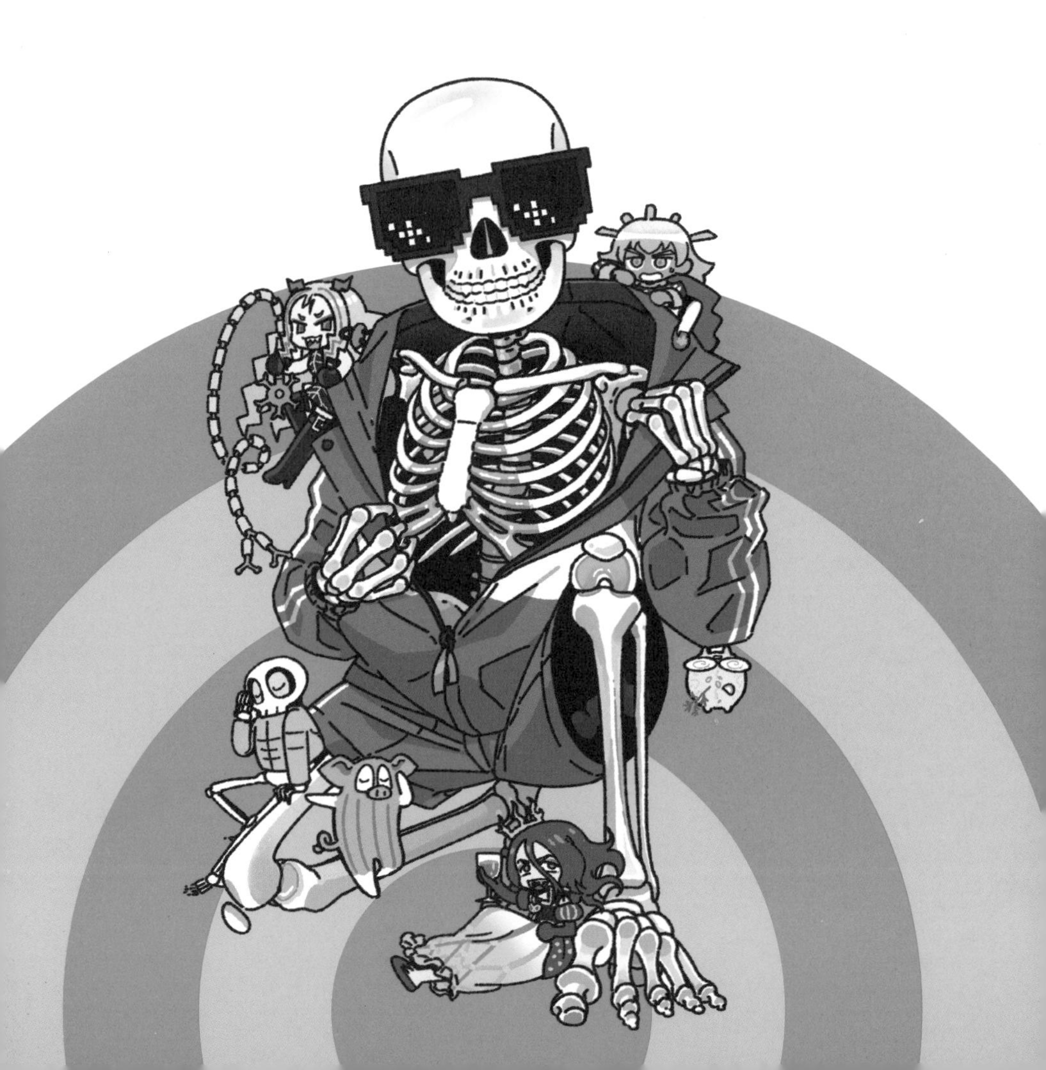

## 如果說：「我喜歡解剖學」……

我喜歡的是

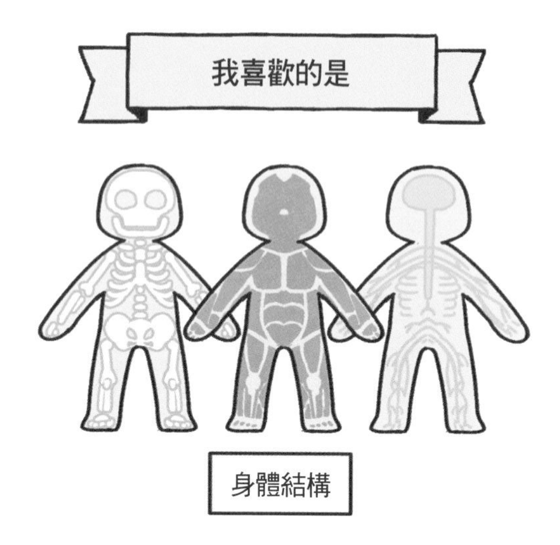

身體結構

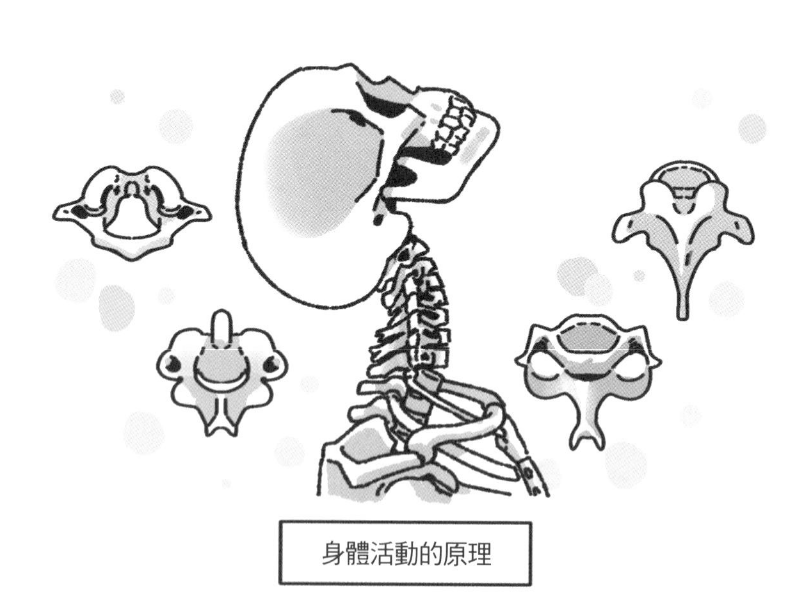

身體活動的原理

其他人想到的是…

解學比想像中還要容易理解

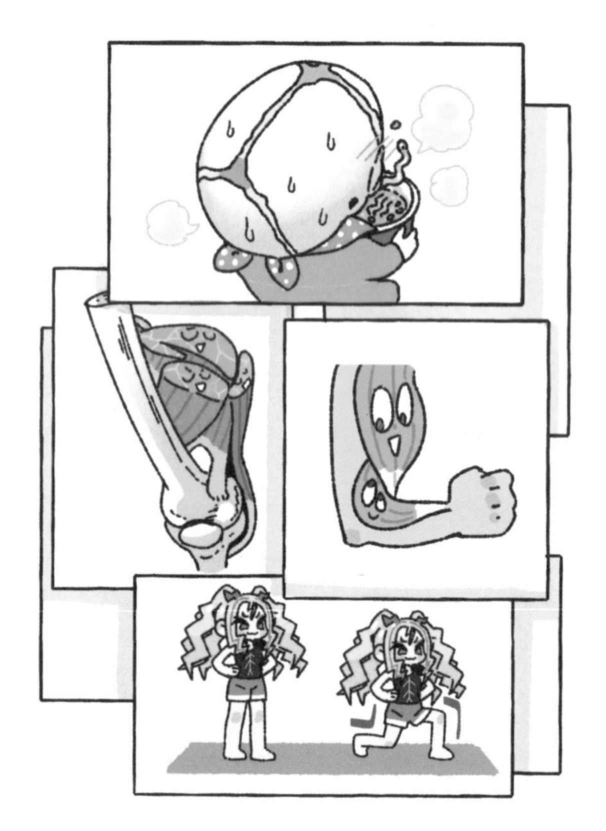

是比想像中還實用的知識

超激推！解剖學笑料百科

那就開始囉！

C O N T E N T S

其實解剖學經常圍繞在我們的周遭。

一般會以為只有去醫院或運動時，才會聊到骨骼的話題，但其實平常去超市也會見到哦…

哺乳類的牛、豬和人類的身體結構很類似，所以用來描述身體結構的用語也大同小異。

在以前人類解剖學尚不合法的時代，學者只能邊解剖動物，邊推測人類的肌肉和器官，但常常與實際狀況不符合。

解剖學就在限制重重的環境下，長期幾乎沒有任何的發展。

經過近1240年的歲月，神聖羅馬帝國皇帝「腓特烈二世」，下令將解剖學合法化之後…

之後的文藝復興時期，再次刮起解剖學風潮，甚至躍升為藝術家必修的學問之一。

現在，不只是醫療從業人員、藝術家，就連運動選手也必須熟悉解剖學知識。

現代解剖學裡，人體依器官區分成骨骼系統、肌肉系統、消化系統等十一個系統。

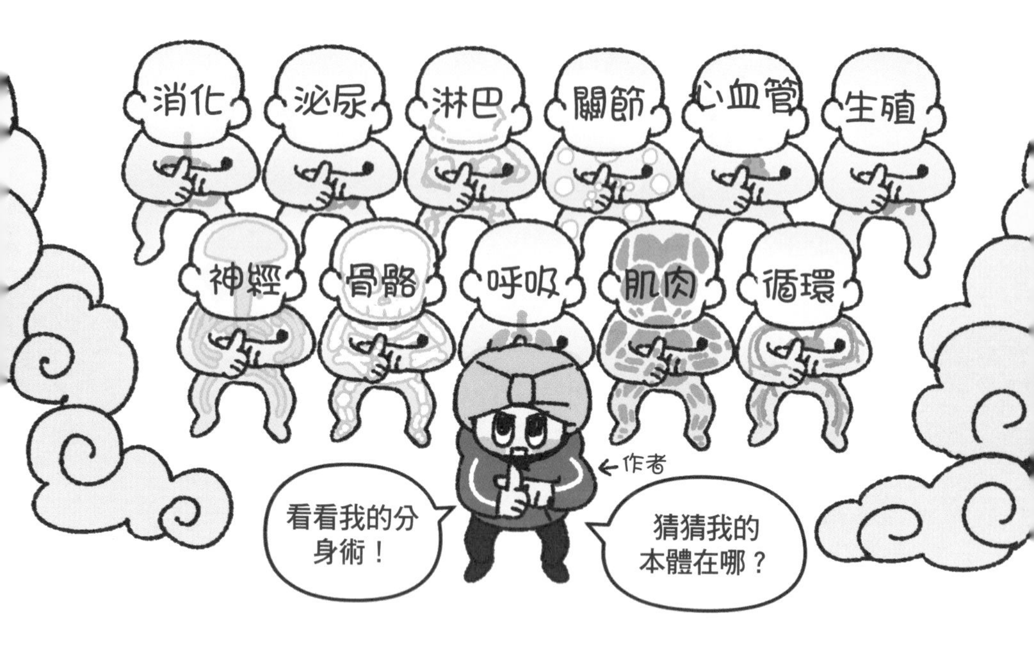


其中最重要的當然是……

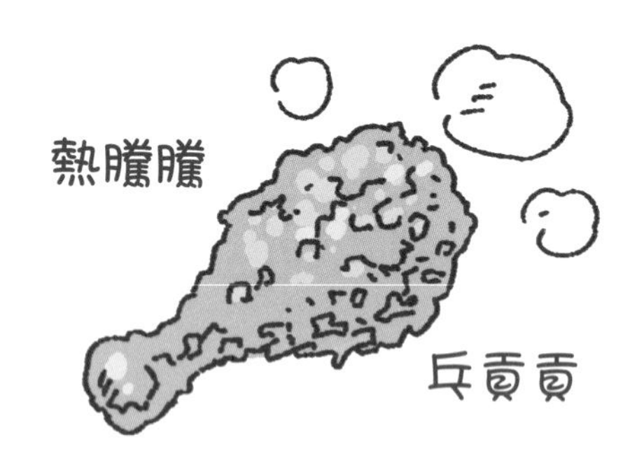


就是骨骼和肌肉系統。

# 骨骼和肌肉的那些事

## 認識骨骼的構造

《他和她的故事》/津田雅美/GAINAX/1998

骨骼和肌肉反覆地透過破壞和重組，進而變得更強壯。

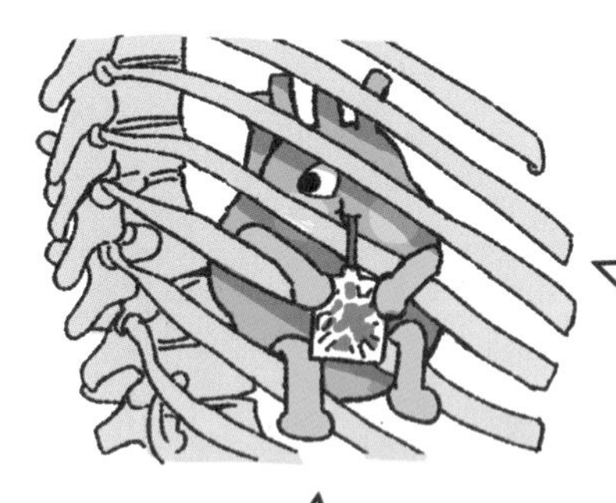


骨骼不只是支撐柔軟身體的支柱，

也是保護器官的柵欄。

還提供了血液凝固、肌肉收縮和神經傳導等等，所需要的鈣質來源。

因此，如果人體沒有充分攝取鈣質，

骨骼中鈣質的「儲存速度」跟不上「使用速度」，

當骨骼構造變得越來越鬆，就可能演變成「骨質疏鬆症」。

不過，骨骼中本來就有一部分的結構，像海綿般充滿縫隙，這並不是罹患骨質疏鬆症的緣故。

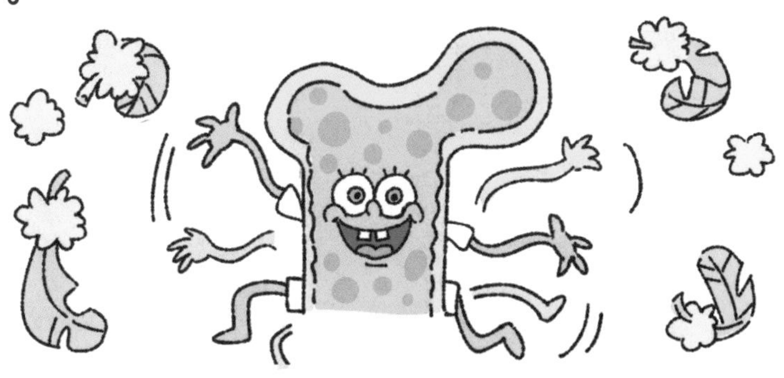

這是「海綿骨」特有的「塔型結構」，與骨骼體積相比，海綿骨的重量較輕且有利於活動。

海綿骨的縫隙，是由「骨髓」所填充的。

*指義大利巨星級足球教練「毛里齊奧．薩里」

骨髓區分成「紅色骨髓」和「黃色骨髓」，

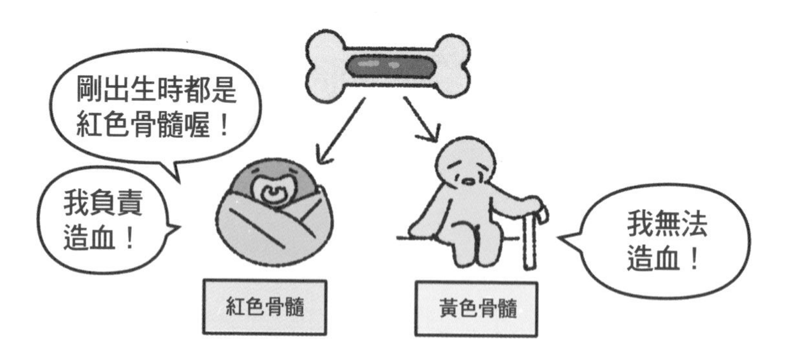


隨著年紀增長，當紅色骨髓裡累積越來越多脂肪，就會變得無法造血。

當血液不足時，黃色骨髓會轉變成紅色骨髓。

另外一方面，海綿骨的底部，由密度較高的「緻密骨」團團包圍。

堅硬的緻密骨若直接互相碰撞就會受傷，所以中間有「軟骨」包覆住骨頭底端加以保護。

其中，膝蓋半月形軟骨和肋軟骨（肋骨軟骨），是較容易退化的部位（耳軟骨、鼻軟骨除外）。

椎間盤也是軟骨，年紀大了也是會逃跑的！
*不是真的逃跑啦！是會流失和退化。

骺板（或稱為生長板）也屬於一種軟骨，

主要長在長條形骨骼尾端，為柔軟的軟骨狀態。

除了長條形骨骼外，總共有五種形狀的骨頭。

不管是什麼形狀的骨骼，都不可能是單一結構。

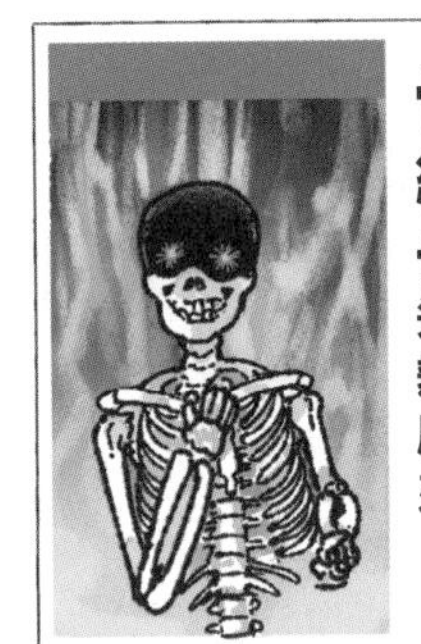

**骨骼要互相組織才能動作**

骨骼和骨骼若無法連接起來，就沒辦法做出動作。那麼，該怎麼連結起來呢？

**韌帶**

透過「韌帶」，可以連接骨骼和骨骼；

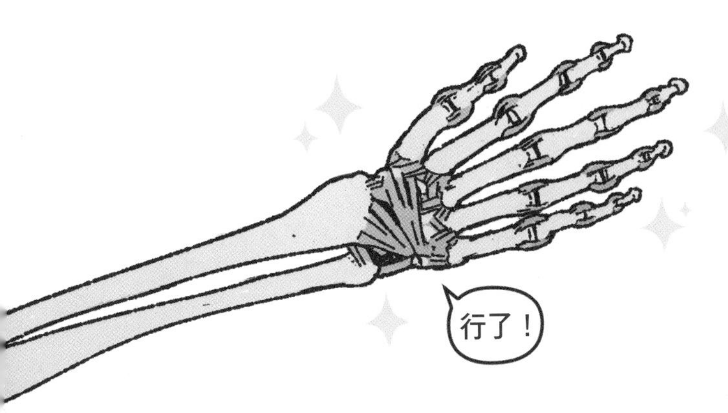

透過「肌腱」，則可以連接骨骼和肌肉，

如此一來，我們可以感受到

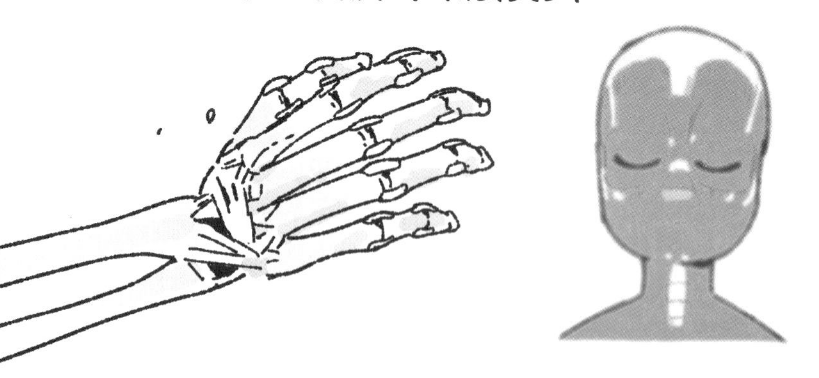

並接觸到「肌肉」的世界。

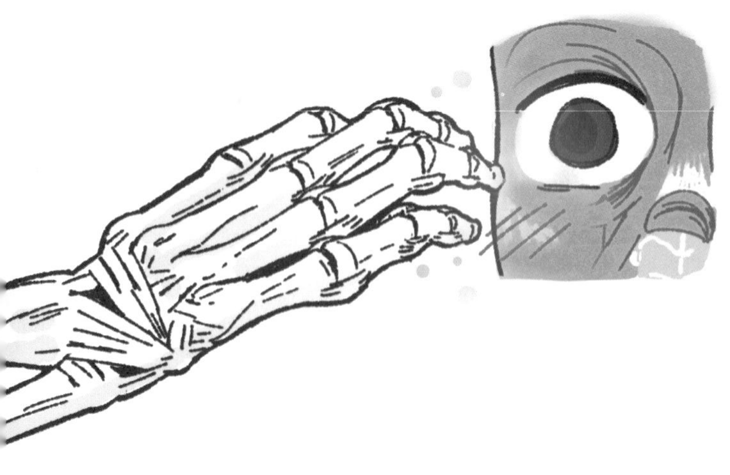

解剖漫畫劇場
肌肉豬（肌肉）
鬼鬼（骨骼）
「骨肉相連」這句話，
讓人覺得有點害羞呢！
你在
說什麼鬼話

關於解剖學的小知識

## 個性複雜又尖銳的骨頭

你知道嗎？事實上，我們的骨頭並不是全部都又光滑又細長、像卡通裡狗狗叼著的骨頭一樣，例如有「身體之柱」之稱的脊椎，就是由很多小而複雜的骨頭塊連接起來，最終形成像柱子般的輪廓。

除此之外，骨頭的表面不會是完全平滑的，而是具有很多粗糙的地方，也就是突起處，因為，這可以讓我們的肌肉透過「肌腱」，牢牢地黏附在骨頭上，比起平滑的地方，「表面粗糙、突起」的地方，會讓肌腱更容易黏上去。而且，粗糙面積越大的骨頭，肌鍵就能夠黏得越穩定。

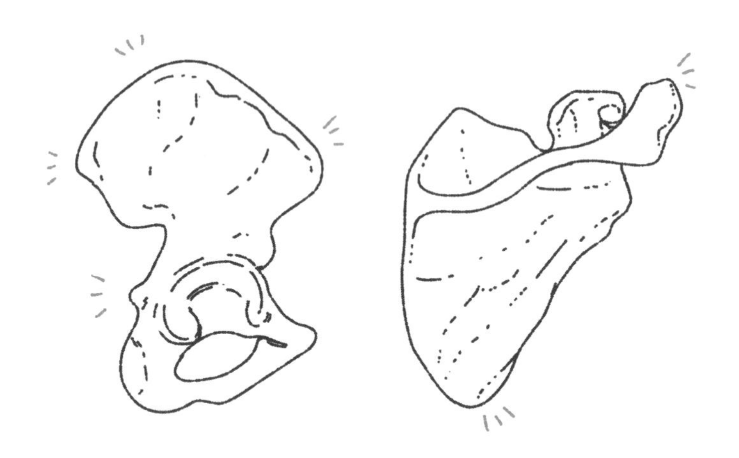

你可能會懷疑，肌腱真的可以緊緊黏在骨頭上嗎？當然，還是有例外的時候，那就是當我們過度使用肌腱時，這時候不只肌腱會受傷，還可能會衍生疾病，例如青春期孩子最容易罹患的「奧斯戈德氏病（Osgood-Schlatter disease，OSD）」*，這種疾病好發於生長板還未癒合、腿部活動量過大的青少年；另外，

因為肌腱會牽引相關的骨骼部位，所以過度使用肌腱也可能引起「撕裂性骨折」。
不過，在不過度使用的情況下，肌腱都會牢牢地附著在骨頭上，可靠地支撐著我們的身體肌肉。

雖然在社會上，「圓滑」地過生活是一種美德，但在骨頭的世界裡，比起表面平滑的骨頭，粗糙面積大、有很多突起處的骨骼，反而可以發揮非常重要的功能。在不造成他人麻煩的前提下，偶爾複雜、偶爾尖銳一點點，好像也沒什麼關係，從某些方面來看，說不定反而有助於和世界連結呢。

*又稱為「脛骨粗隆骨突炎」，常見於青少年，發生部位在膝蓋前側，主因是當活動量過大，使髕骨肌腱反覆拉扯脛骨粗隆（膝蓋前方突起處），進一步造成脛骨粗隆的生長板發炎而引起。

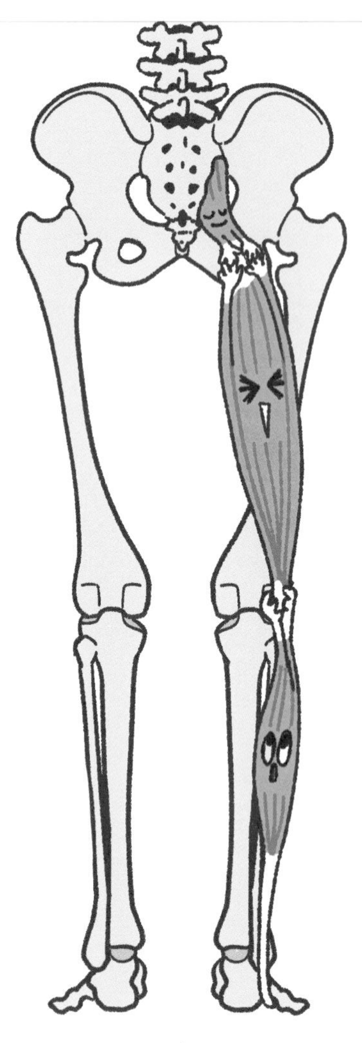

代表骨頭和肌肉的
「肌肉骨骼系統」

是由肌肉、骨骼、韌
帶、軟骨和肌腱等組
成，彼此合作共存

第2回

《蠟筆小新》｜臼井儀人｜新銳動畫｜1992

# 骨骼和肌肉的那些事
# 認識肌肉

就如同人類世界有自己人和
外人的區分一樣，

肌肉也有華麗
的橫紋肌和

樸素的
平滑肌之分。

橫紋肌，就是排列像條紋狀的肌肉細胞，
又稱為「骨骼肌」。

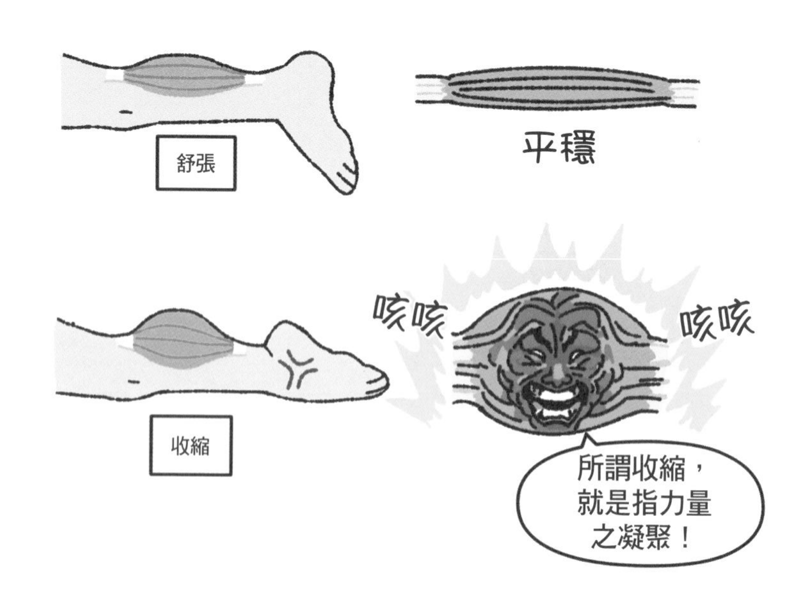

平滑肌主要負責人體內部的中空器官的牆壁，

會依紋理方向收縮，有助血液循環，和器官內部物體的通過和排出。

如果失去了組成血管管壁的平滑肌，血液就無法循環和排出廢棄物，最後人體就會死亡。

換句話說，肌肉與人類的生存息息相關！

內臟中的獨特器官─心臟，其心肌具有「自我跳動」的特性。

能自己發出活動所需訊號，並進行活動。

然而，骨骼肌自己無法發出訊號。

所以需要透過支配肌肉的「神經」給予適當的刺激，再做出動作。

神經不僅控制肌肉的活動，也是控制內分泌系統、消化系統、呼吸系統等，是主掌我們身體所有活動的核心器官。

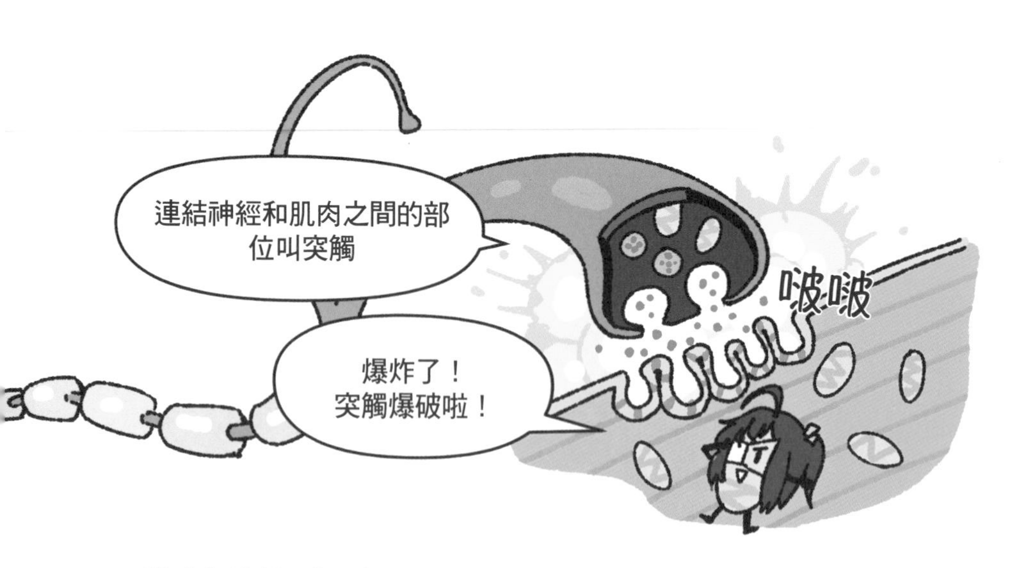


當刺激傳達到肌肉，交錯排列的肌肉纖維會彼此拉扯並進行收縮。

而且是由兩種不同粗細的肌肉纖維互相拉扯的緣故，

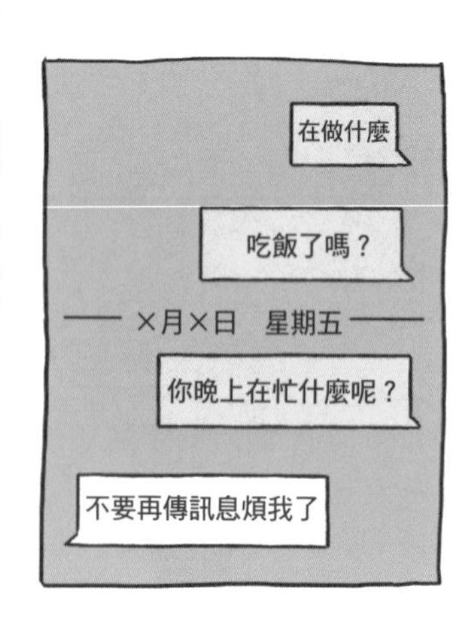


所以如果只有一方主動，是沒辦法的。

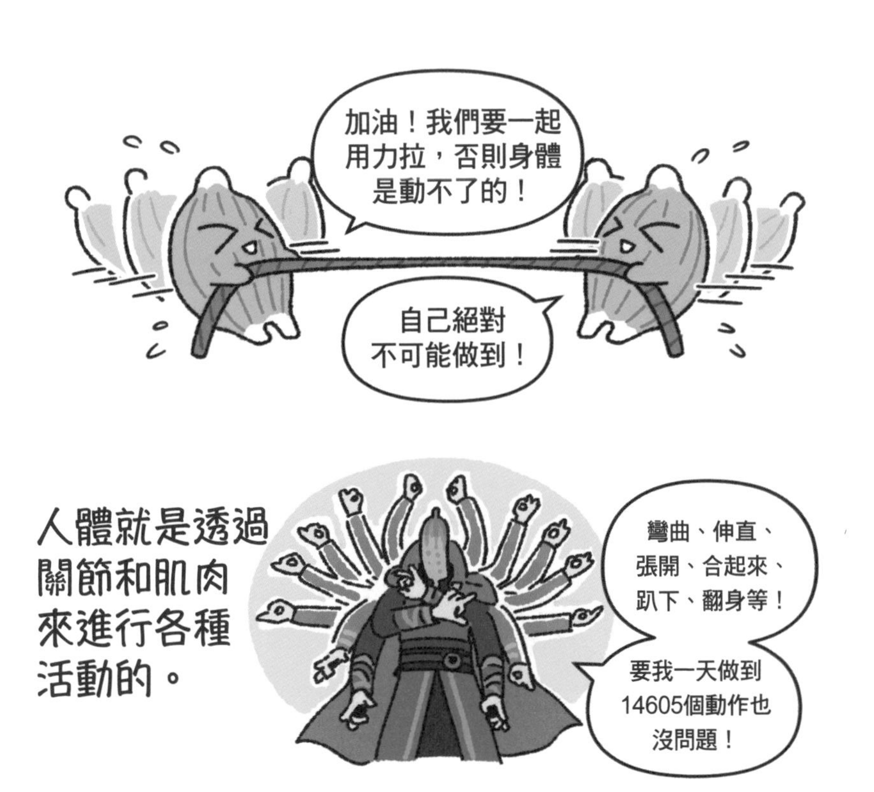


人體就是透過關節和肌肉來進行各種活動的。

而且，這些活動還會以「小組合作」方式進行。

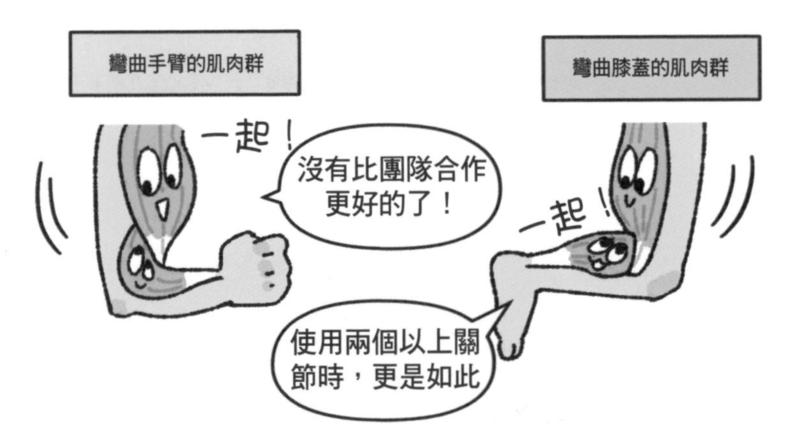

整體而言，這些以交錯型態排列的肌肉纖維，都是以互相進行拉扯的方式收縮的。

因為如此，若覺得某個動作很難，不僅那個部位，其他各個相關肌肉部位，也要仔細觀察。

原來如此…
我的身體是由各個肌肉互相幫忙，才能共存的世界！

終於領悟真理了！
恭喜大人！
恭喜你啦！

謝謝各位！

感謝我身體裡的
每個肌肉⋯

## 解剖漫畫劇場

## 主角肌肉V.S.敵對肌肉

韓國傳統民間故事《興夫傳》裡，善良的興夫因為救了受傷的燕子，於是得到了一顆大葫蘆，當興夫一家人奮力鋸開葫蘆，發現裡頭竟然是滿滿的金銀財寶。
興夫一家人奮力鋸開葫蘆的動作，其實跟肌肉協助我們做出動作的原理很接近喔！當一個人拉鋸子的一側，另一側的人就鬆開鋸子，接著原本鬆開的人又再次出力拉，另一側的人則鬆開，不斷重複這樣的動作。這和我們平常彎曲手臂、伸展手臂時的情形一樣。

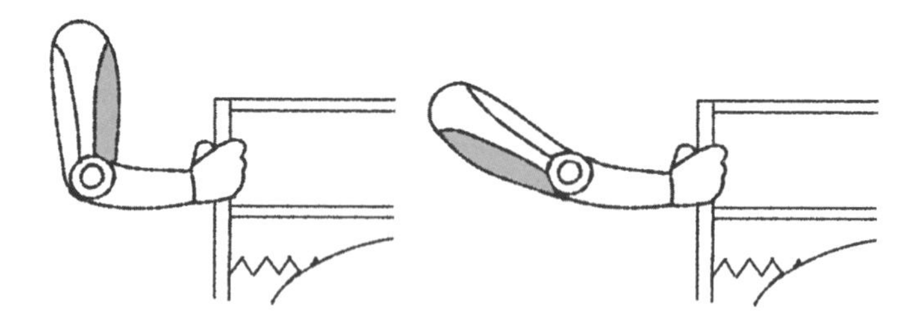

我們手臂的肱二頭肌和三頭肌，會輪流出力、放鬆，不斷重複這樣的動作，讓我們可以順利活動。
在這當中，主要用力的肌肉稱為「主動肌」，而從另一側控制力量的肌肉則稱為「拮抗肌」。

除此之外，興夫在《興夫傳》中飾演的角色，就如同「主動肌」一般，引導著故事朝目標「推進」，而敵對的角色，也就是貪婪的諾夫，則像「拮抗肌」一樣，是一股相反的力量。主角和主動肌的存在雖然非常重要，但若沒有敵對角色，就不能繼續鋪陳故事了。所以，越是出色的劇情，裡頭的反派角色，並不單純是妨礙主角的惡人，反而是讓故事變得更精彩有趣的另一個重要角色，就像拮抗肌和諾夫一樣。

我們的身體，也是透過各種肌肉之協調與不協調來活動的。有時像晨間劇一樣平淡，有時像動作片一樣震撼，又或者像電視劇一樣傳達出各式各樣的情感。這個由人體創造出來的故事，也是有時平凡、有時令人激動，但對人體而言，任何劇情都是非常重要的存在。

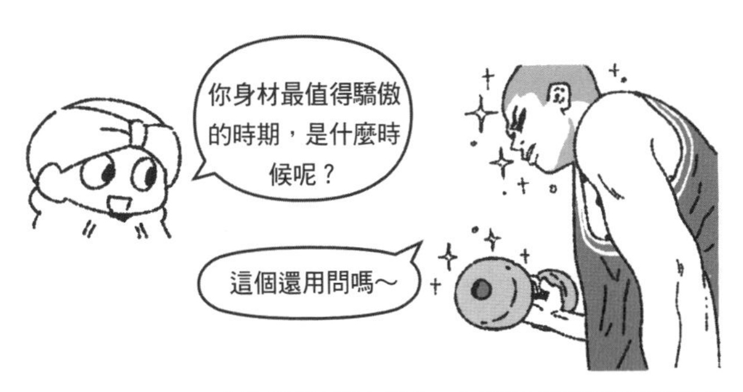


「當然就是現在啊！」你沒看到我的二頭肌嗎？

古人認為人的身體就像是小宇宙，

了解人體的內部結構
就如同去月球一般困難，
然而，最後終於有了驚人的發展。

我們即將介紹人類解剖學歷史上，如同神一般
存在的三位人物！

第3回

《星光少男》｜龍之子製作｜2016

# KING OF ANATOMY

# 解剖學之王

by Apdula

## ～解剖學史上三大偶像～

希波克拉底是一位醫師，也是解剖學歷史上，非常重要的人物。

希波克拉底在骨骼、關節和脫臼上很有研究。

*脫臼：關節脫離原本的位置。

隨著年紀漸大，他也面臨禿頭危機。

（唉，活著活著就變成這樣囉…）

就算變成了禿頭，希波克拉底還是有許多仰慕者，甚至形成了「希波克拉底學派」。

從那以後的約六個世紀，都是關於他的紀錄。

這位鐵粉的名字叫做—克勞狄烏斯·蓋倫。

他支配醫學界長達1300年，醫師更有「醫界王子克勞狄烏斯」的稱號。

他研究解剖學、生理學等醫學領域，留下龐大的著作量。

創造了至今仍然被廣泛使用的分類和名稱。

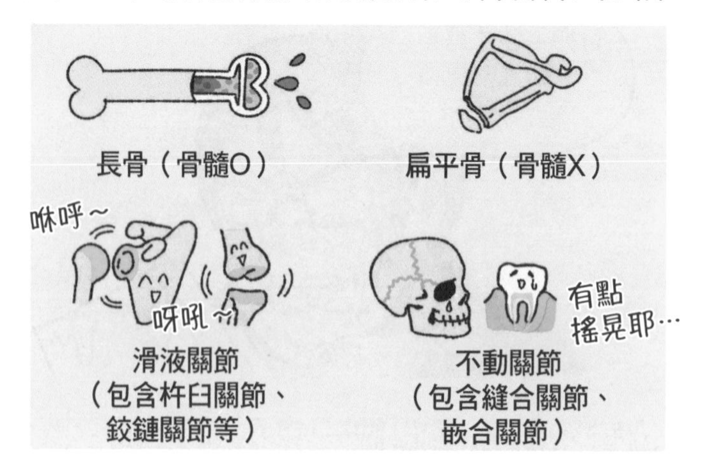

不過，也有錯誤的地方…

因為那些都是蓋倫以動物代替人類解剖所獲得的知識，並以此推敲人體內部構造。

主要犧牲的都是豬、狗或猴子

20歲時他成為當地神廟的助手祭司。當時的法律限制，讓解剖的學問出現不可避免的錯誤。

不僅如此，他的著作還受到天主教教會的加持，全面禁止修訂，到達了不可侵犯的程度！

學者們把蓋倫撰寫的書籍視為「經典」般看待，即便後來發現有錯誤之處，也不修訂。

*透過少數的屍體或病患身上得到確認

蓋倫的研究，反而造成解剖學的衰退！

屋漏偏逢連夜雨，在非科學時代的時期，歐洲的醫學和解剖學發展無止盡地倒退。

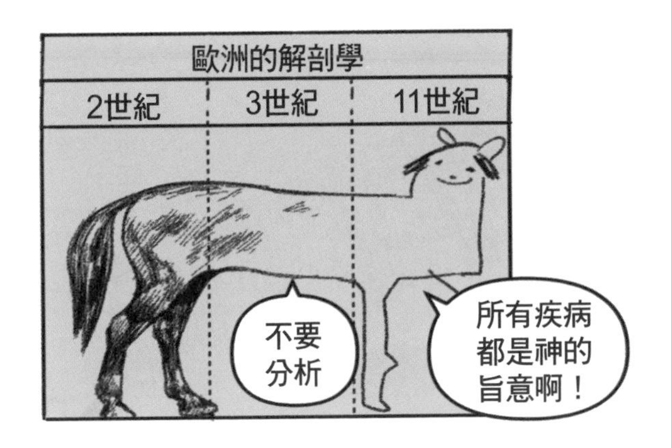


相較於歐洲，伊斯蘭世界在醫學上持續進步與創新。後來，歐洲反而仰賴從伊斯蘭世界翻譯而來的醫學知識。

解剖學到了十六世紀，雖然出現了復甦的徵兆，卻不是源自醫學界，而是因為藝術界。

李奧納多．達文西除了使用畫筆，也拿起解剖刀解剖遺體，而他所描繪的人體解剖圖，更是令所有人震撼不已！

那個衝擊造成了連鎖效應，對於1300年來處於解剖學黑暗期的歐洲，產生了巨大的影響，

其中包含這一位的出現，那就是，近代人體解剖學創始人「安德雷亞斯．維薩里」。

解剖漫畫劇場
盯～～
按怎？
鬼鬼啊…你長得
好可愛喔，先前
都沒察覺到…
害羞
什麼?!
你是禿頭嗎？

關於解剖學的小知識

## 粉絲無所不在

蓋倫是一位傳奇人物，有醫師王子之稱，也是一位偉大的學者，同時他也非常崇拜「希波克拉底」。自荷馬時代到西元二世紀，蓋倫的著作量約佔希臘全體文獻中的八分之一，但他仍毫不掩飾自己崇拜希波克拉底的心情，文中提及希波克拉底至少超過2500次。

另外一方面，17世紀後半，有「英國希波克拉底」之稱的湯瑪斯．席登漢（Thomas Sydenham）也非常尊敬希波克拉底。崇拜到什麼程度呢？即便自己發現了天花，卻認為希波克拉底應該不會遺漏掉天花的研究，於是作出「希波克拉底的時代應該尚未出現天花」的結論。蓋倫和湯瑪斯．席登漢如果生活在同一個時代，應該會十分有趣吧？

希望有一天能看到三個人在國際醫學組織裡，
作為學者拯救世界的樣子。哈哈！

解剖學史上的勇士「安德雷亞斯．維薩里」，

並不是從一開始就想成為革命家的。

在上解剖學課程之前……

第4回

# THE END OF GALENOS
# 解剖學史傳奇：蓋倫終結者

《新世紀福音戰士》｜庵野秀明｜GAINAX｜1997

16世紀的解剖學課程，簡直是亂七八糟！

對這種解剖學教育感到失望的維薩里…

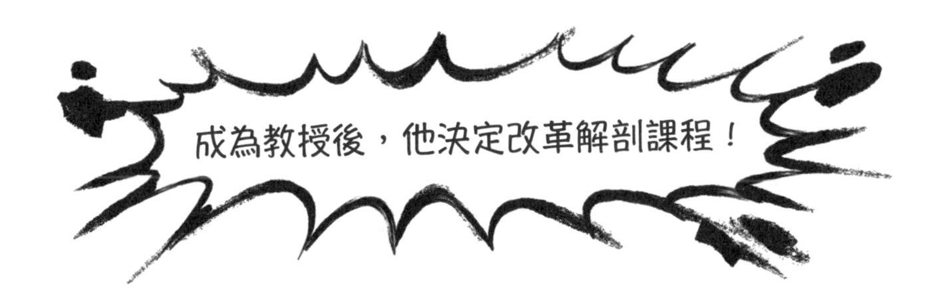


他從高高在上的座位走下來，直接進行解剖～

有條理地分析…

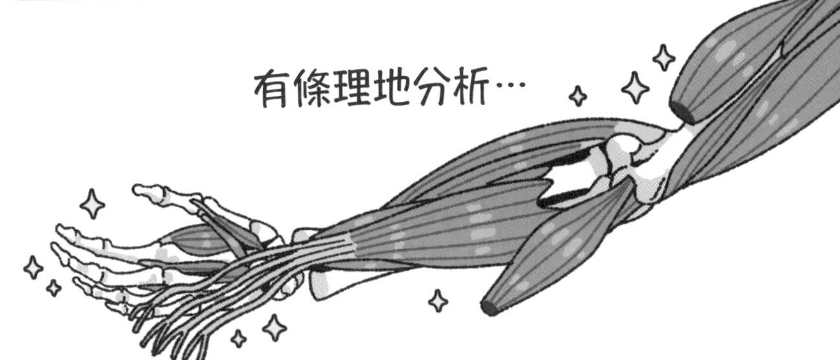

以圖畫來輔助說明！

終於，解剖學脫離傳統的系統，重新定序，

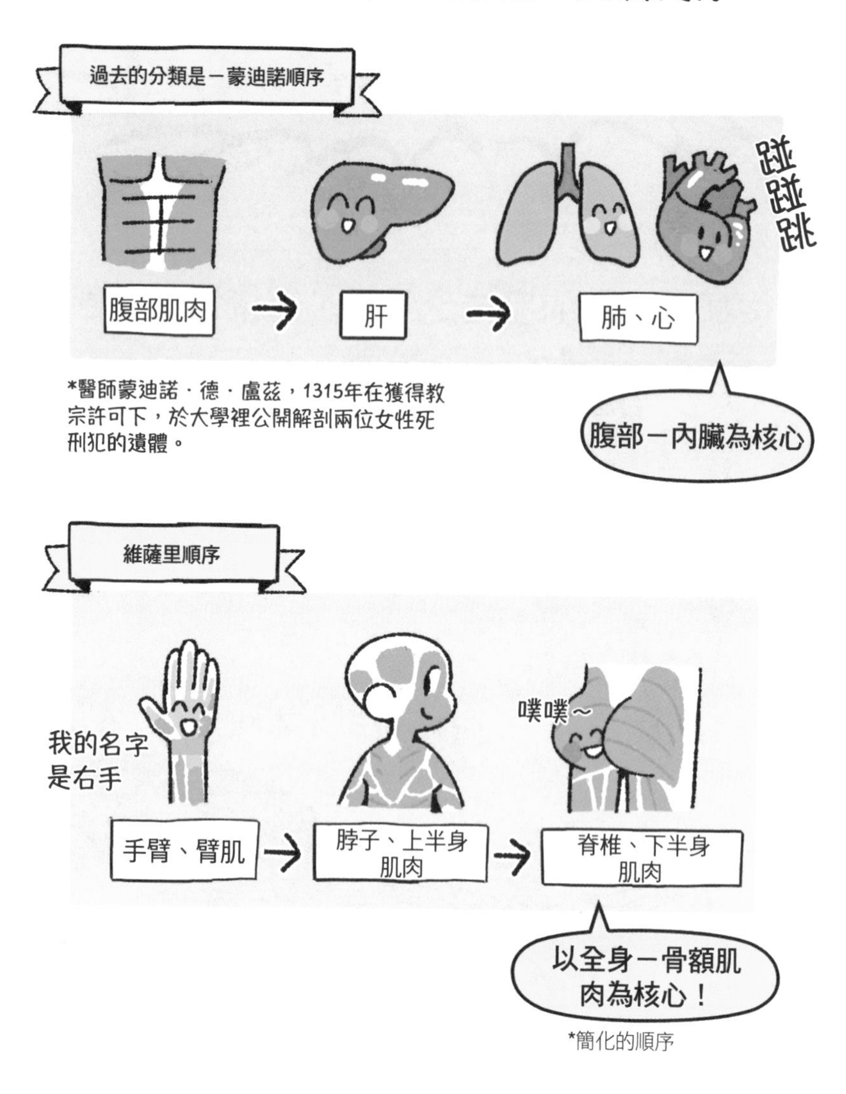


然而，對這一「挑釁」感到憤怒的解剖學家庫爾蒂斯（Curtius），闖入解剖示範現場。

這場爭辯，雖然讓眾人陷入了一片混亂…

這是維薩里周密的革命性手段。

三年後哥白尼提出了宇宙的中心不是地球，而是太陽的論點，在天文學界掀起了革命，那一年維薩里也出版了震撼解剖學界的書籍。

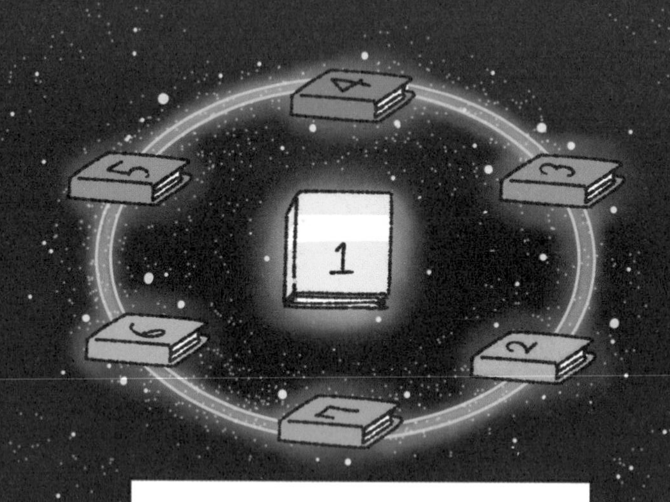

《人體的構造》
（De humani corporis fabrica）
簡稱《構造論》
1543年出版，共7卷

《人體的構造》中的解剖圖受到達文西的影響，十分具藝術性，

也比之前任何一本解剖學著作來得正確。

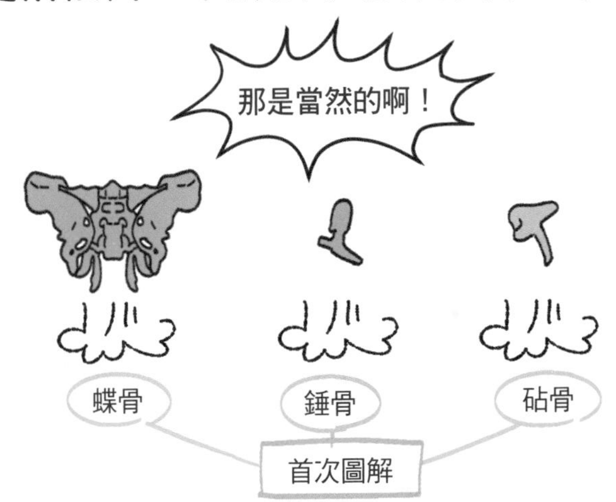

## 維薩里「膽敢」做出質疑蓋倫的誇張行徑

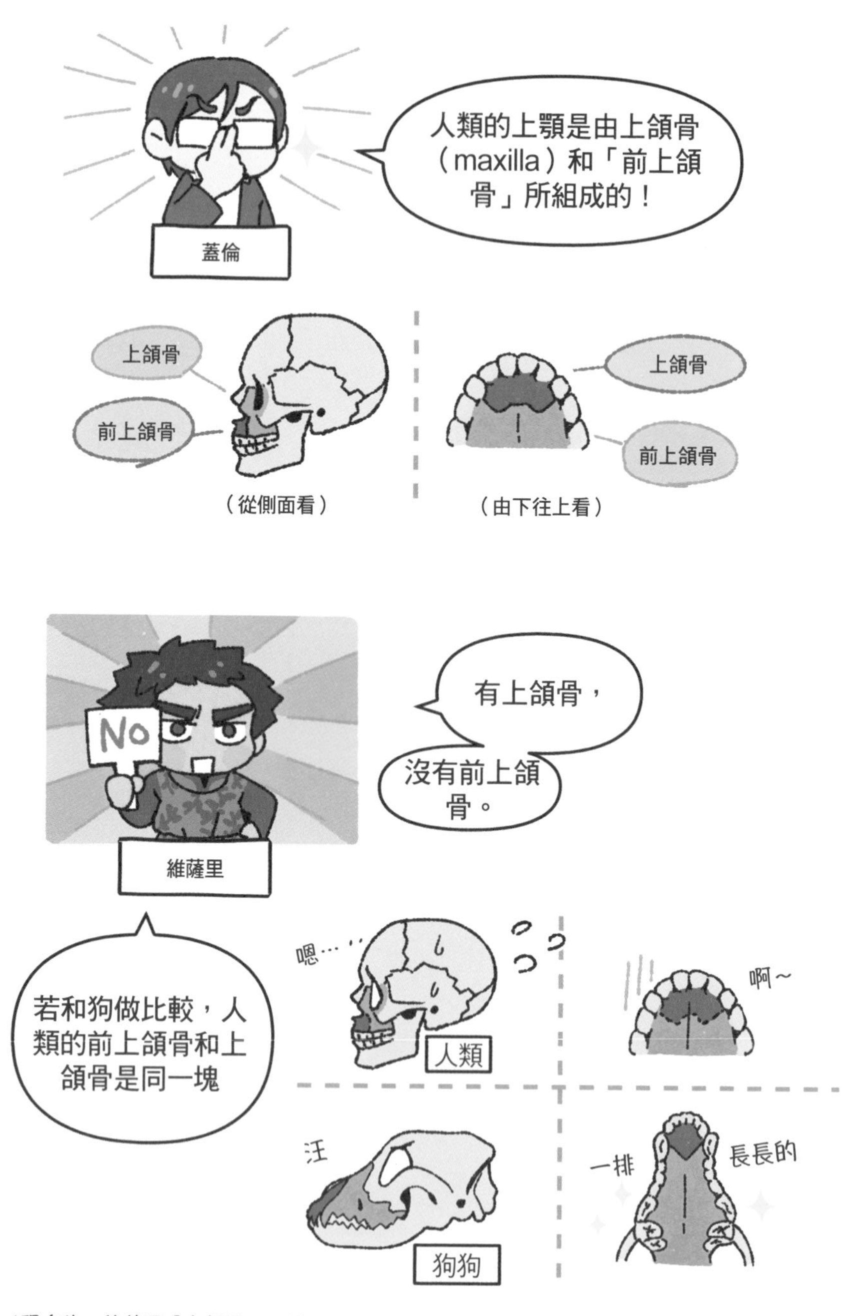


*現在也一律使用「上頜骨」一詞。

甚至，《人體的構造》一書的封面，也隱約表現了維薩里的革命意圖。

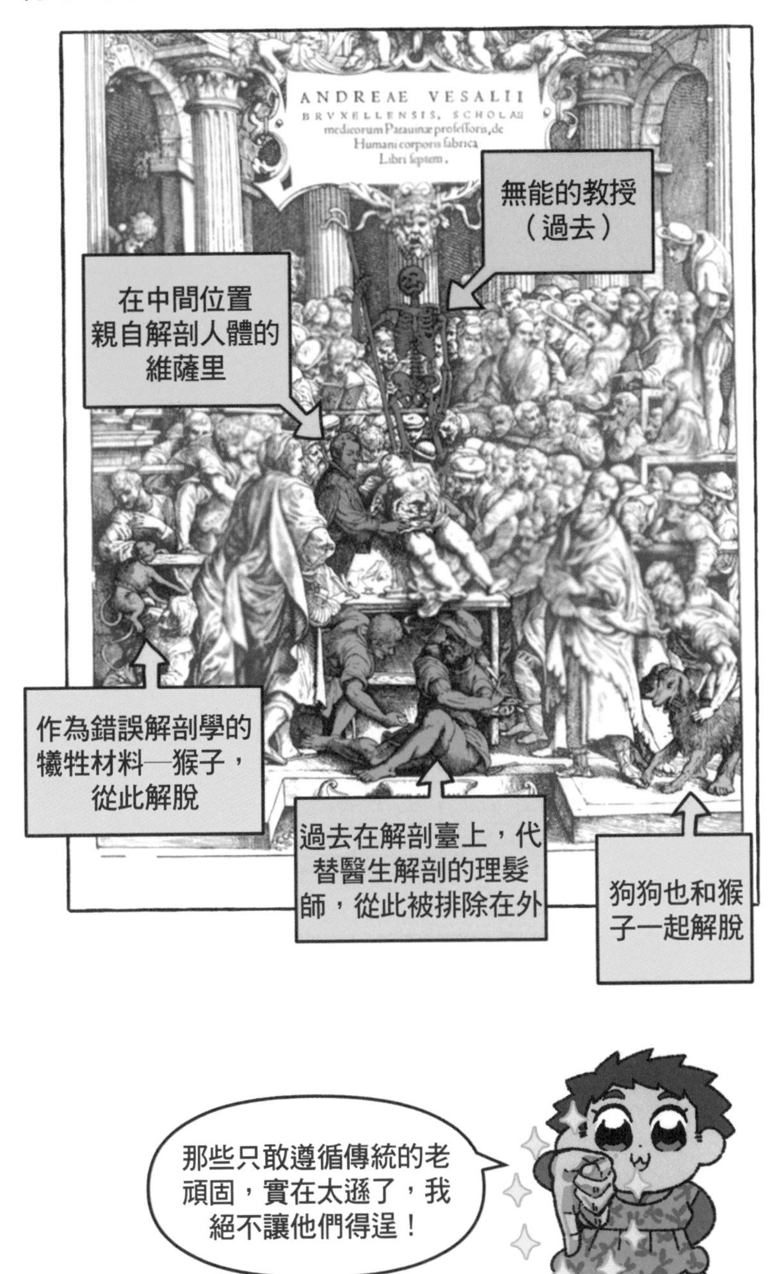

由於革命性的《人體的構造》出版，將蓋倫理論視為聖經般看待的時代已成過去…

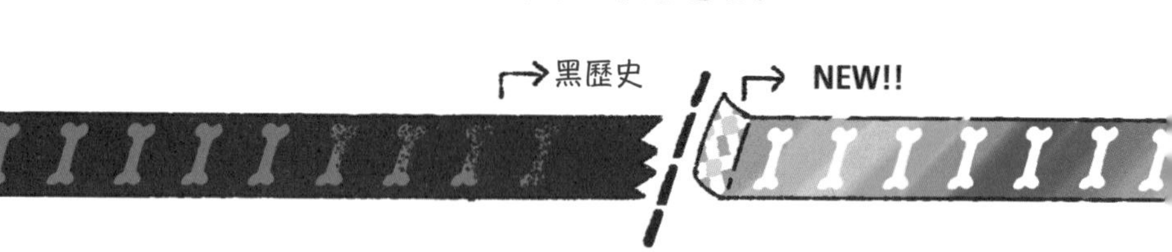


如果…維薩里只是為了否定蓋倫，那麼他的學識僅僅是用來無條件否定「崇拜」這件事，然而事實上並非如此…

《人體的構造》序論
事實上，我在撰寫本書的過程中，是以蓋倫的見解為依據。

《人體的構造》序言
正因為人們不會想找出蓋倫的錯誤，因此我以蓋倫的理論為基礎，後來才經過了一次又一次的修正…

也由於維薩里的關係，使蓋倫的理論進一步地得到改善。

解剖學改革後的100年，可說是「發現的時代」。就像許多星星的名字是以學者的名字命名一般，在解剖學也是，新發現的部位也能以發現者的名字命名。

掀開這時代序幕的維薩里，
並未在任何一個身體部位上以
自己的名字命名。

維薩里身為解剖學的先驅者，

他選擇在「解剖學史」上
巨大而美麗地，

刻下自己的名字。

解剖漫畫劇場
我有沒有哪裡變得不一樣了呢？
有嗎？
你再認真看一下嘛～
有嗎？
再仔細看一下！
有嗎？
臭豬頭!!
哭哭～
?

關於解剖學的小知識

## 《人體的構造》裡藏有彩蛋

《人體的構造》一書中的解剖圖與以往靜態的解剖圖不同，最大的特點在於以五彩繽紛的圖案為背景，而人體擺出了生動的姿勢，展現出「生命」感。

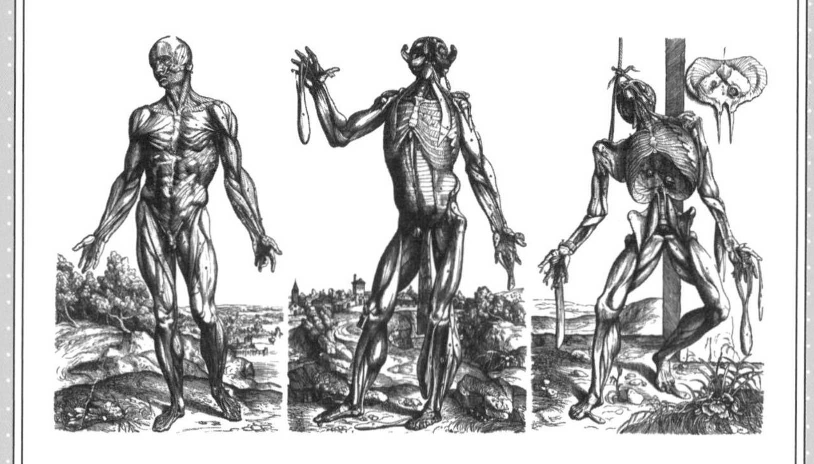

最初出現的是一個站立姿勢的人物，展現完整的肌肉，散發自信感。之後，隨著層層肌肉剝落，美麗的姿勢也隨之崩壞；最後，幾乎要靠著繩索或牆壁才能站立。除此之外，還可以窺視到維薩里企圖扭轉過去解剖學教育的細膩之處。作為圖背景的草和樹，也像是受到人物影響一般逐漸枯萎，最後只剩下荒涼的一片土地。

隨後，有人發現在《人體的構造》一書中藏有彩蛋！那就是，如果將解剖畫的背景反序排列，就會發現似乎和特定地區的風景相符。這讓當時崇拜維薩里的人們前仆後繼地，前往可能就是該場所的地點，義大利帕多瓦(Padova)附近的尤金尼山丘，興奮地進行「聖地巡禮」。

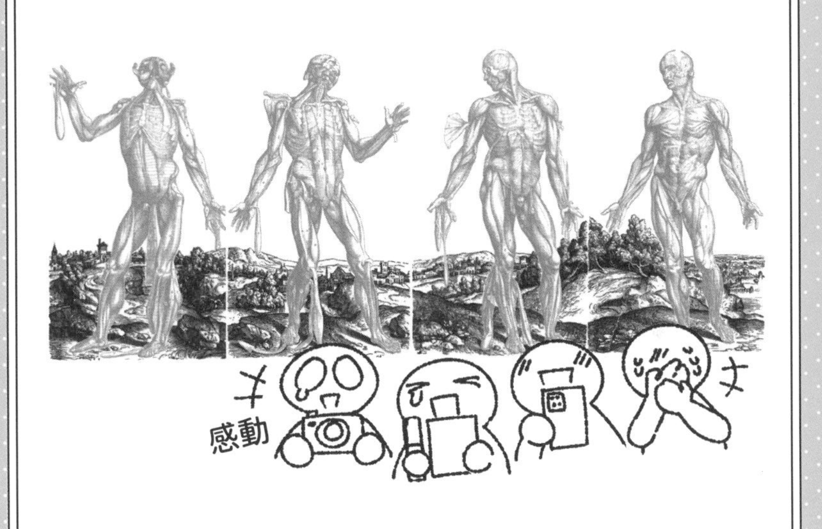

偉大的解剖學家—維薩里，非常重視「手」。

因為手包含著組成人體結構的各種要素，可以清楚說明他所主張的以「骨頭—肌肉—神經—血管」為核心的解剖體系。

## 第5回

《寄生獸》｜岩明均｜1990

# 全身最多塊骨頭的部位：手

手是身體每單位面積，骨骼數最多的部位。

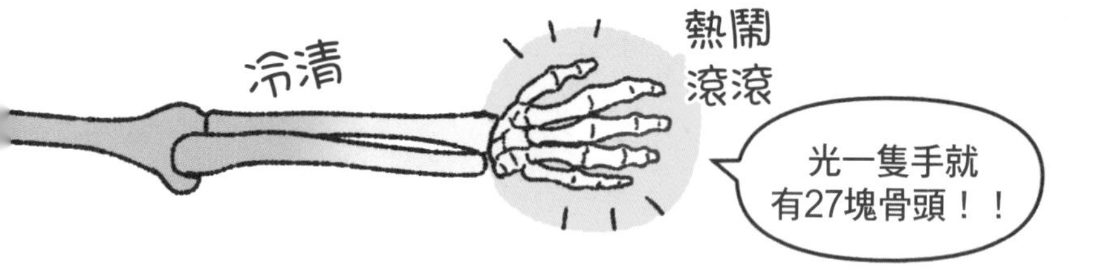


雖然維薩里正確且詳細地描繪出手腕的骨骼，卻也增加了後世學習者的難度。

不過，聽說有一套神奇口訣，可以將腕骨的各部位名稱迅速背起來。

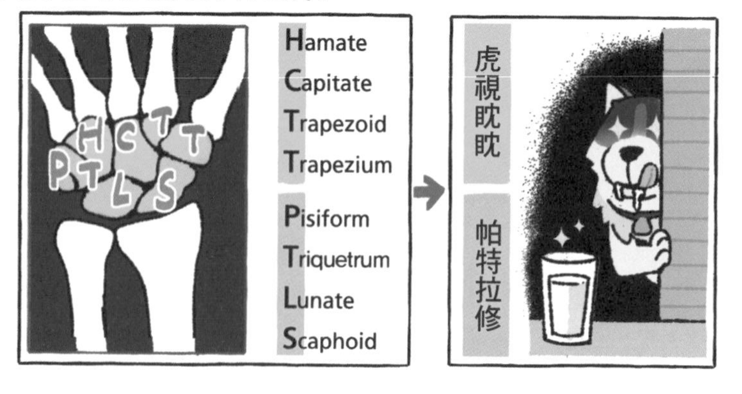

除此之外，腕骨的命名也有浪漫的一面，

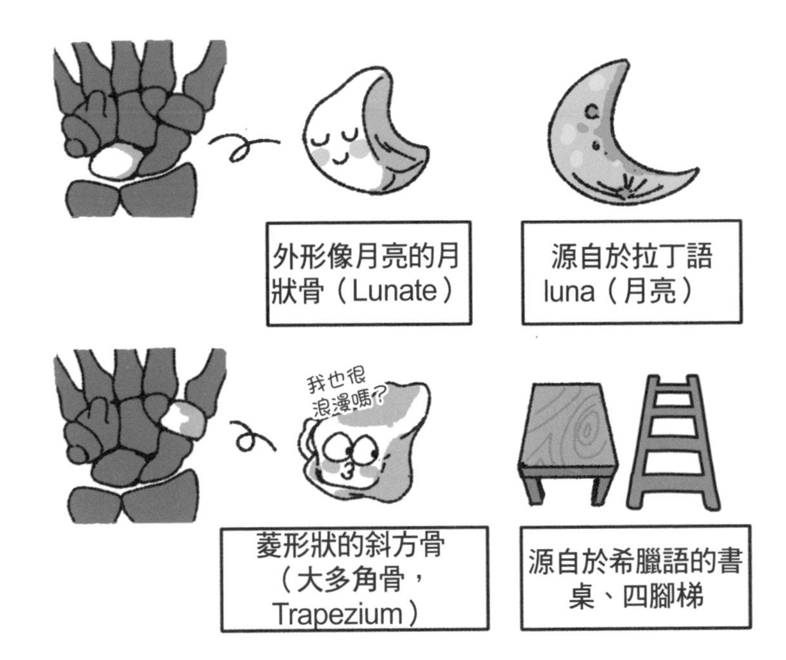


例如，大多角骨與位於獵戶座大星雲M42，中心地帶的四顆星星名字相同。

## 而且也有可愛的一面。

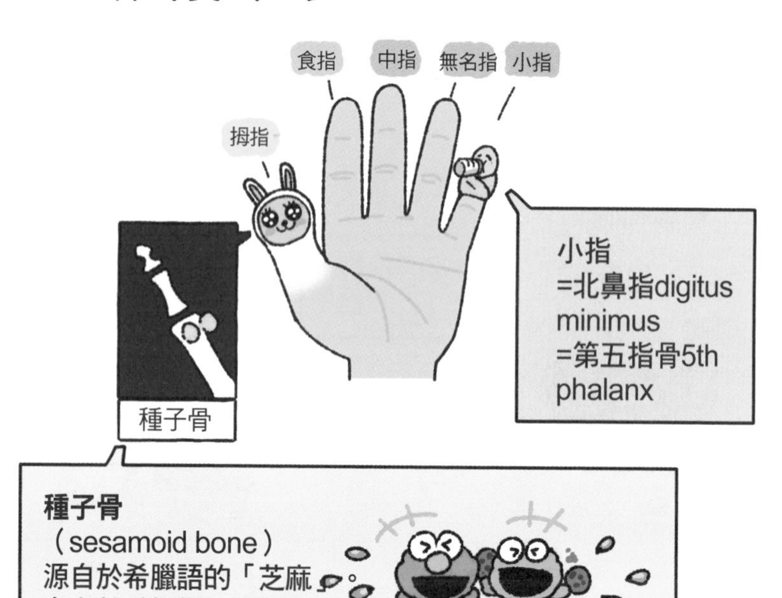


**種子骨**
（sesamoid bone）
源自於希臘語的「芝麻」。
存在於手拇指、腳拇指。

維薩里對於這樣的現象，覺得十分心寒。

*《人體的構造》第1卷28章

在我們的手拇指上有一塊超強肌肉，能夠施力對抗其他四根指頭的力量。

不只抓取東西時需要這塊肌肉，
手指比YA或愛心時也會用得到，
對人體而言，這是很重要的肌肉。

拇指外的其他四根手指頭，是利用自手肘的曲指肌腱進行彎曲的，其中最表層的就是掌長肌（Palmaris longus）。

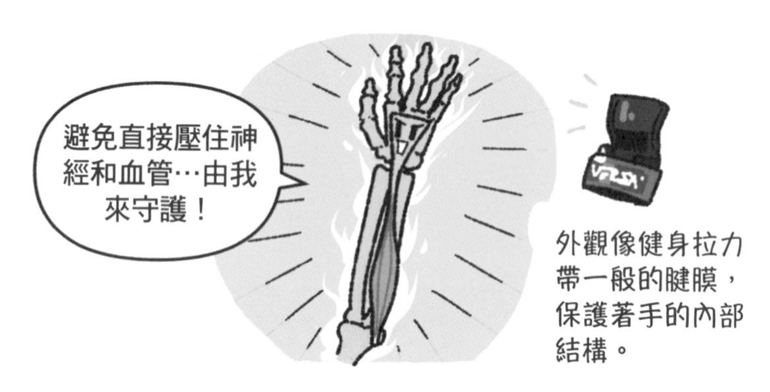


「掌長肌」中的「掌」，在英文中還衍生出「棕櫚葉」的意思。

手掌，palma

棕櫚葉，palm

這個語源又延伸為坎城影展最高榮譽的「金棕櫚獎」（Palme d' Or）

屈指肌腱是讓手指可以精細地彎曲，以及握住東西的功能性構造。

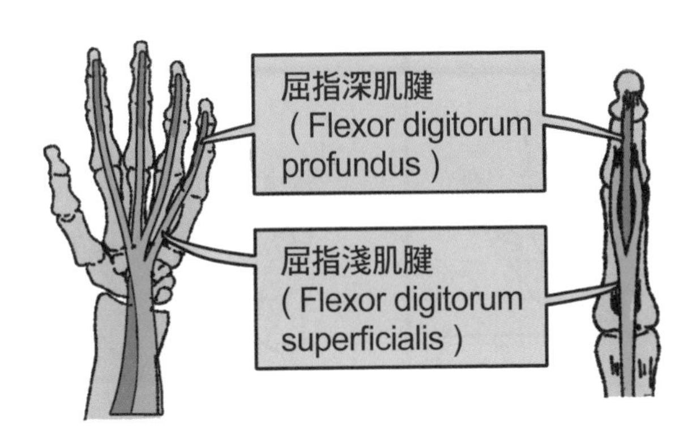


有夠難畫的…

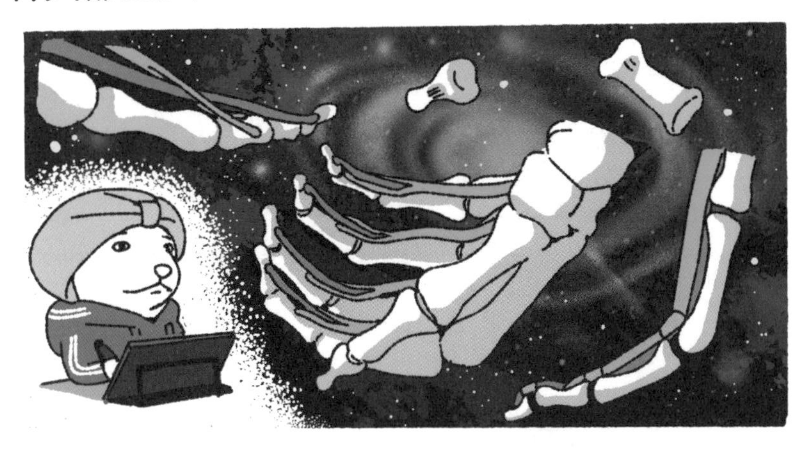

然而，因為它的關係，我們才可以進行細膩的活動，如寫字、演奏樂器、拿筷子等。

位於比掌長肌更內側的「蚓狀肌」，可以說是這種纖細構造的極致，

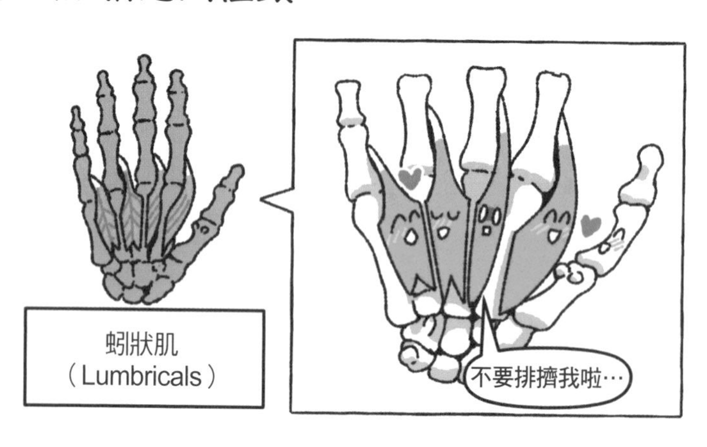


和只能選擇彎曲或伸展的一般肌肉不同，蚓狀肌能屈能伸，讓我們能握住扁平的物體。

因為要從彎曲的肌肉開始、伸展的肌肉結束，才能做出某些動作。

包括蚓狀肌在內的所有肌肉，都會透過名為「肌梭（muscle spindle）」的感應器，感知肌肉的長度變化，以避免危險的活動。

在蚓狀肌裡的肌梭，約比其他肌肉多10倍以上，所以能感知十分細膩的活動。

所以我們手的速度才會比眼睛還快呀！

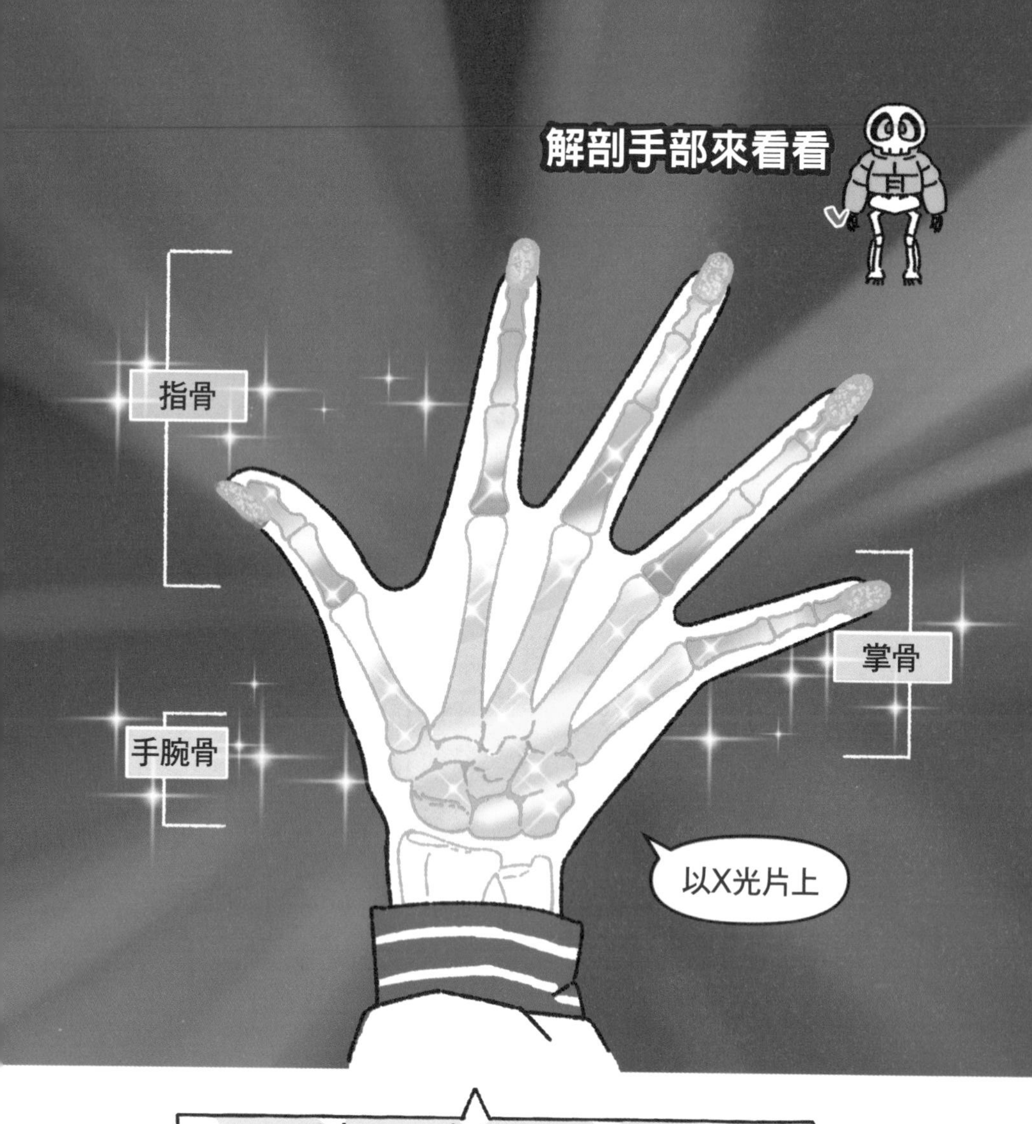
解剖手部來看看
指骨
掌骨
手腕骨
以X光片上

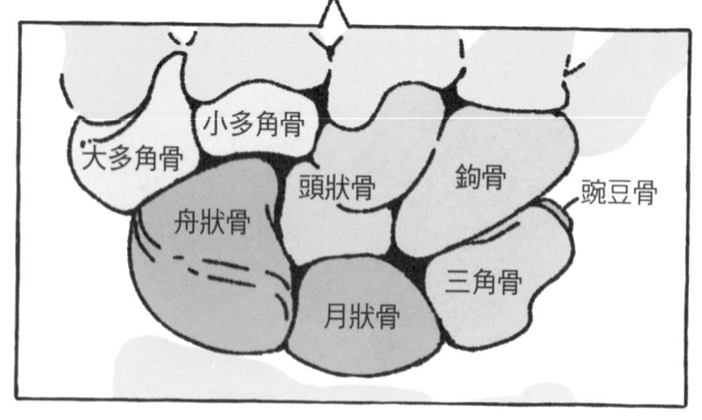
小多角骨
大多角骨
頭狀骨
鉤骨
豌豆骨
舟狀骨
三角骨
月狀骨

解剖漫畫劇場
三溫暖
你知道嗎？我們的身體有70%是水分
喔喔～
待會在外面見！
好～
咻～
為什麼還不出來？

關於解剖學的小知識

## 珍貴的身體

曾有人預告1999年，世界將會毀滅，當時全球都沉浸在一股末日情懷中。於是市面上開始販售，從藝人的髮根或血液提煉出來的DNA相關商品。能收藏喜歡的藝人的周邊商品，而且還是身體的一部分，感覺雖然有點奇妙，但我完全能理解。因為，在人們眼裡越覺得珍貴的東西，就會越希望能親眼看見、能觸碰到，最好還能實際擁有。

走在好萊塢的星光大道上，就能見到超級巨星的手印。我們也會想把家人、戀人、孩子的手印或腳印製作成相框，或是將新生兒的臍帶、幼兒的乳齒保存下來。
仔細想想看，就會發現藝人的DNA或手印最終都是無法永遠擁有的，只是一時的權宜之計。可以「永遠擁有」的東西到底是什麼呢？

我想告訴有以上想法的讀者們，從宇宙的誕生到毀滅，都有屬於自己的存在，那就是由「我」這個宇宙構成的「我的身體」。

思想、心靈、精神可能會變化、被影響，甚至是崩潰，然而，只要是我活在這世界的一天，身體就永遠是屬於我個人的，因此每一天都要好好珍惜屬於自己的身體。

提供你一個珍惜身體的方法。首先，試著用溫水沖洗全身，再到舒服的環境休息，到了睡前，請試著呼喚身體裡的一個骨頭或肌肉的「名字」，想像它正在放鬆與修復之中。我相信，漸漸地，你也會找到更珍惜自己身體的方法，請試試看吧！

說到「肩膀」…

應該都會想到這個部位。

不過，這和解剖學上的「肩膀」有點不同。

## 第6回

# 振臂高揮：去吧！肩膀

《王牌投手 振臂高揮》｜樋口朝｜2003

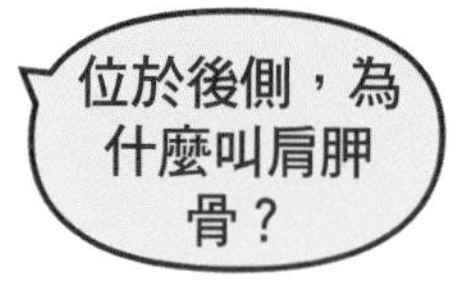

大家可能有許多的疑問，不過答案很簡單。

機器人的手臂只要安裝上去之後，就可以自由地旋轉。但人類的肩胛骨不可能那樣，首先要能做出6個動作。

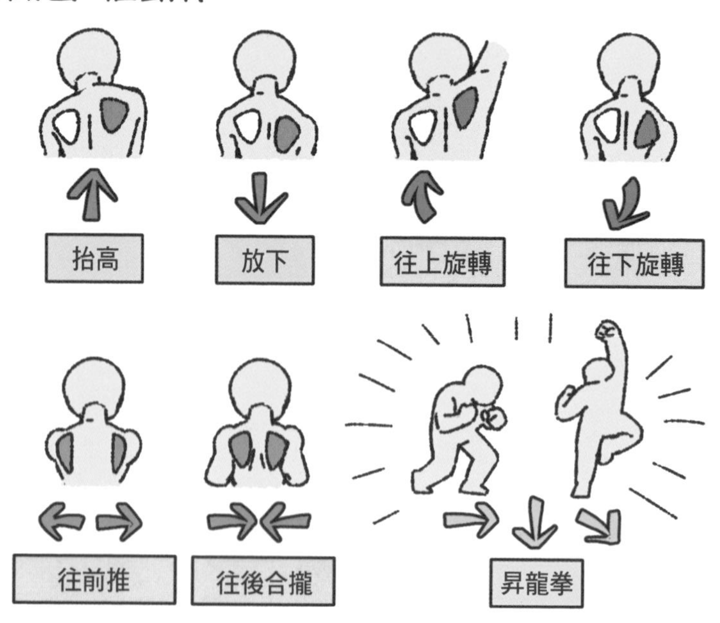

再加上肱骨和鎖骨構成的「肩關節」，可以多做出9種動作。

合起來總共能做出15種活動。

（肩膀過勞死）

因為肱骨只是淺淺地嵌在肩胛骨上，肩關節才能做這麼多靈活的動作…

不過，自由活動也是有限度的。

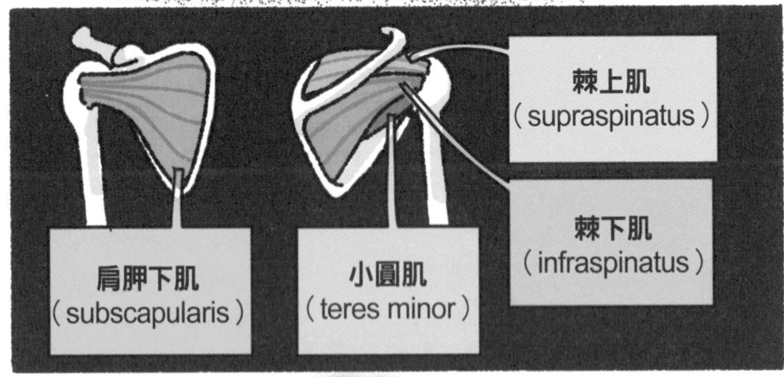

肩關節的活動性雖強，但為了補足安全性不足的缺點，四周皆被肌肉給拉住。

即便如此，肩膀還是最容易受傷的關節部位，最具代表的就是棘上肌。

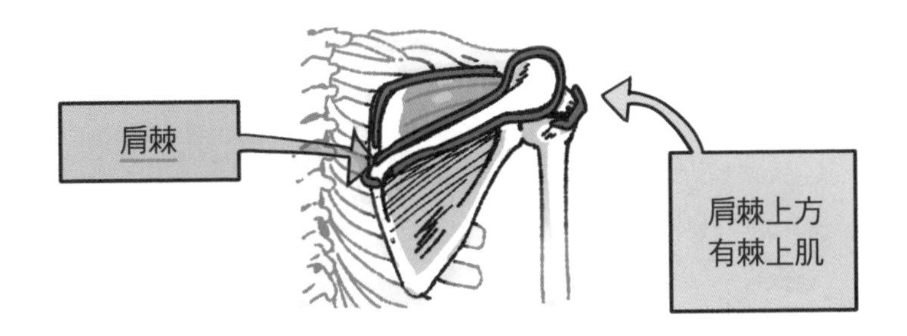


棘上肌不僅在手臂張開活動時會用到，就連沒有用力、休息的時候，也一直緊緊地抓住肱骨。

在結構上，肱骨和肩棘連結的肩峰，常發生夾住「棘上肌」的情形。

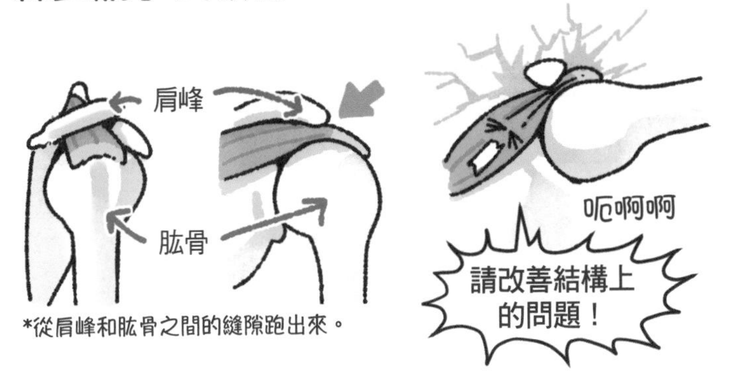

和棘上肌相鄰的棘下肌，在向外旋轉時需要使出很大的力氣，因此也很容易受傷，但並不代表所有肩胛問題都是旋轉肌群受傷引起的。

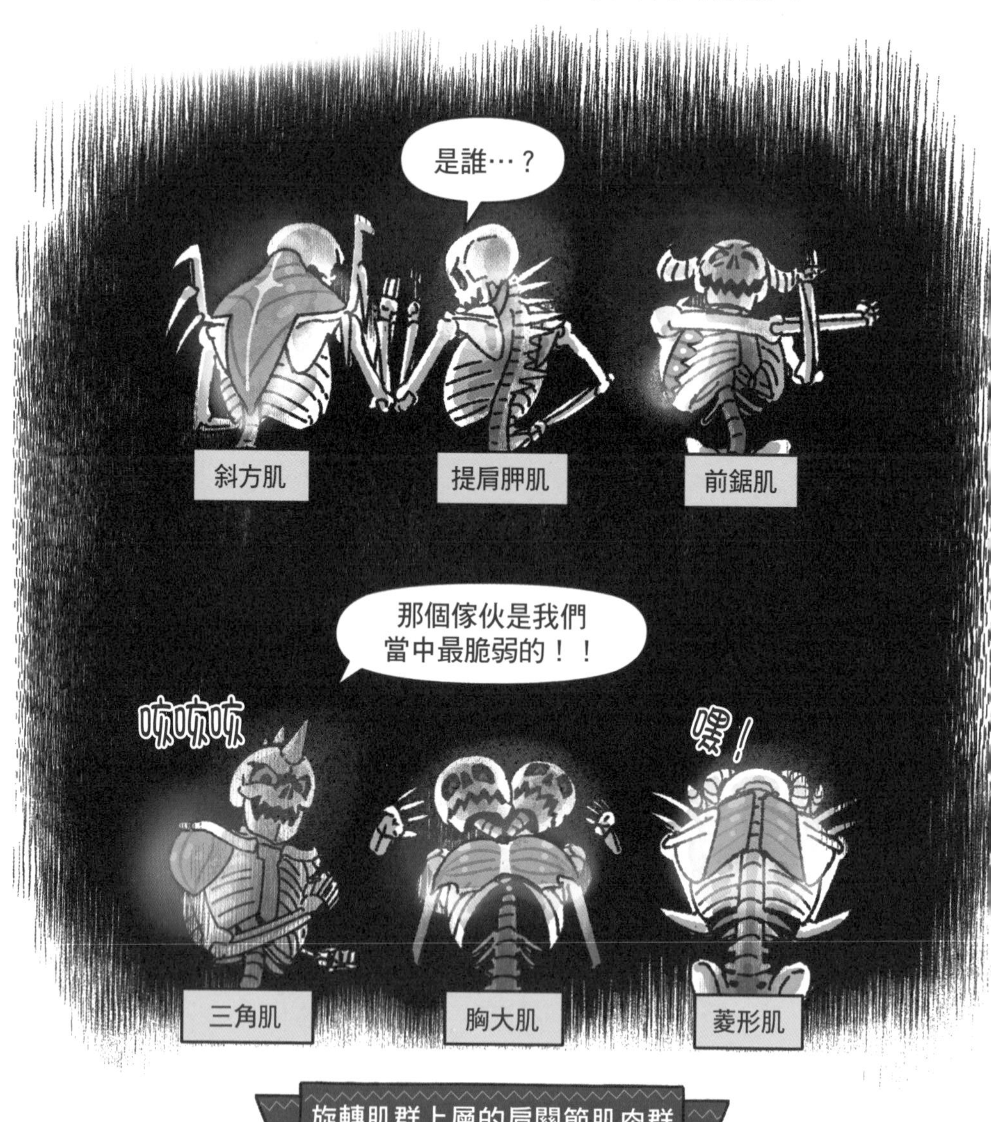


旋轉肌群上層的肩關節肌肉群

肌肉分成包裹在外層，
強而有力的大塊「外側肌」，

和體積雖小卻負責安全的「內側肌」。

鍛鍊肌肉時，如果只練到表面的肌肉，就會出現失衡的現象，進而受傷。

鍛鍊肌肉時應該考量兩種不同肌肉群的「平衡」。

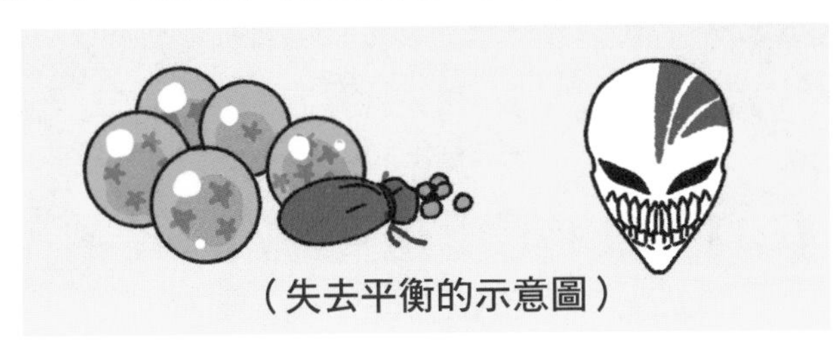
（失去平衡的示意圖）

那麼，只要注意肩胛骨附近的肌肉，就不會受傷了嗎？當然不是。

也有可能是連接肩胛骨的肱二頭肌的問題。

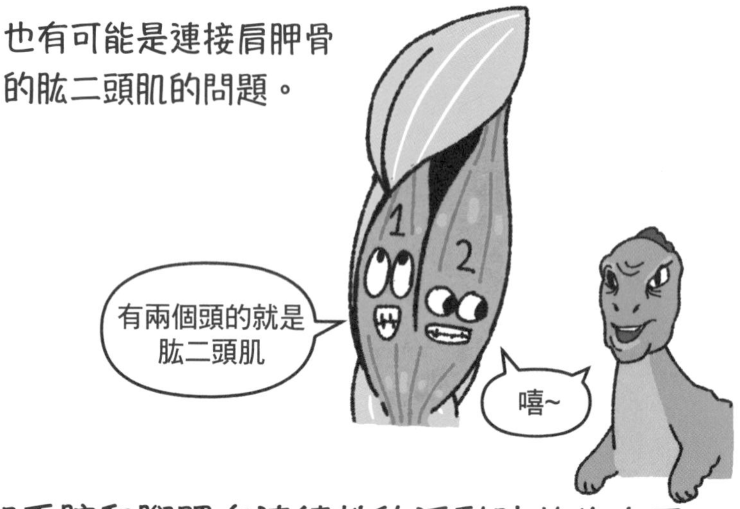


例如手腕和腳踝在連續性的活動時若失去平衡，有可能會出現疼痛症狀。

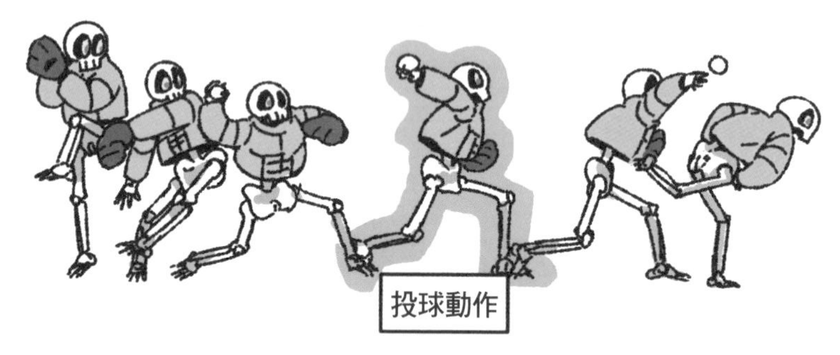

棒球選手在投球時，肩膀經常受傷的選手在「改善腳踝的不穩定性」之後，受傷的情形就會消失，投球能力也得以提升。

雖然看起來是「肩膀」問題，但事實上各部位都是有關聯的，因此，不能只注意一個部位，更重要的是維持整體的平衡！

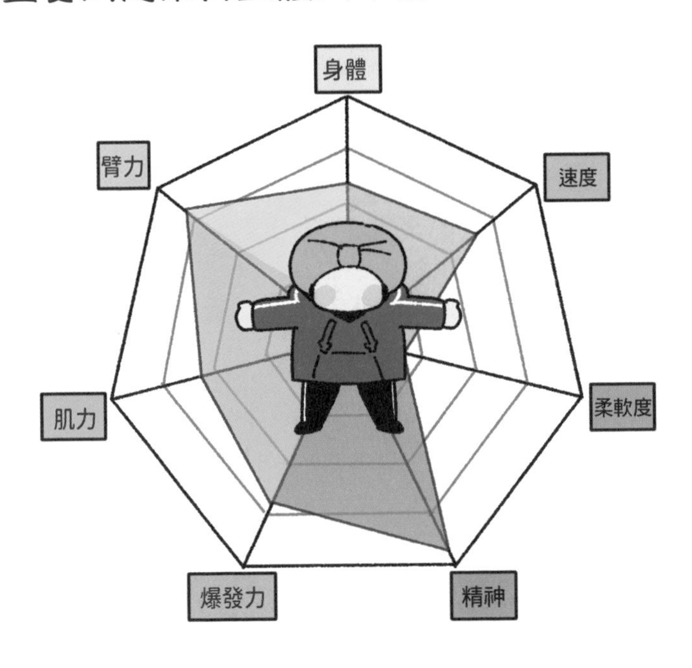

## 解剖肩膀來看看

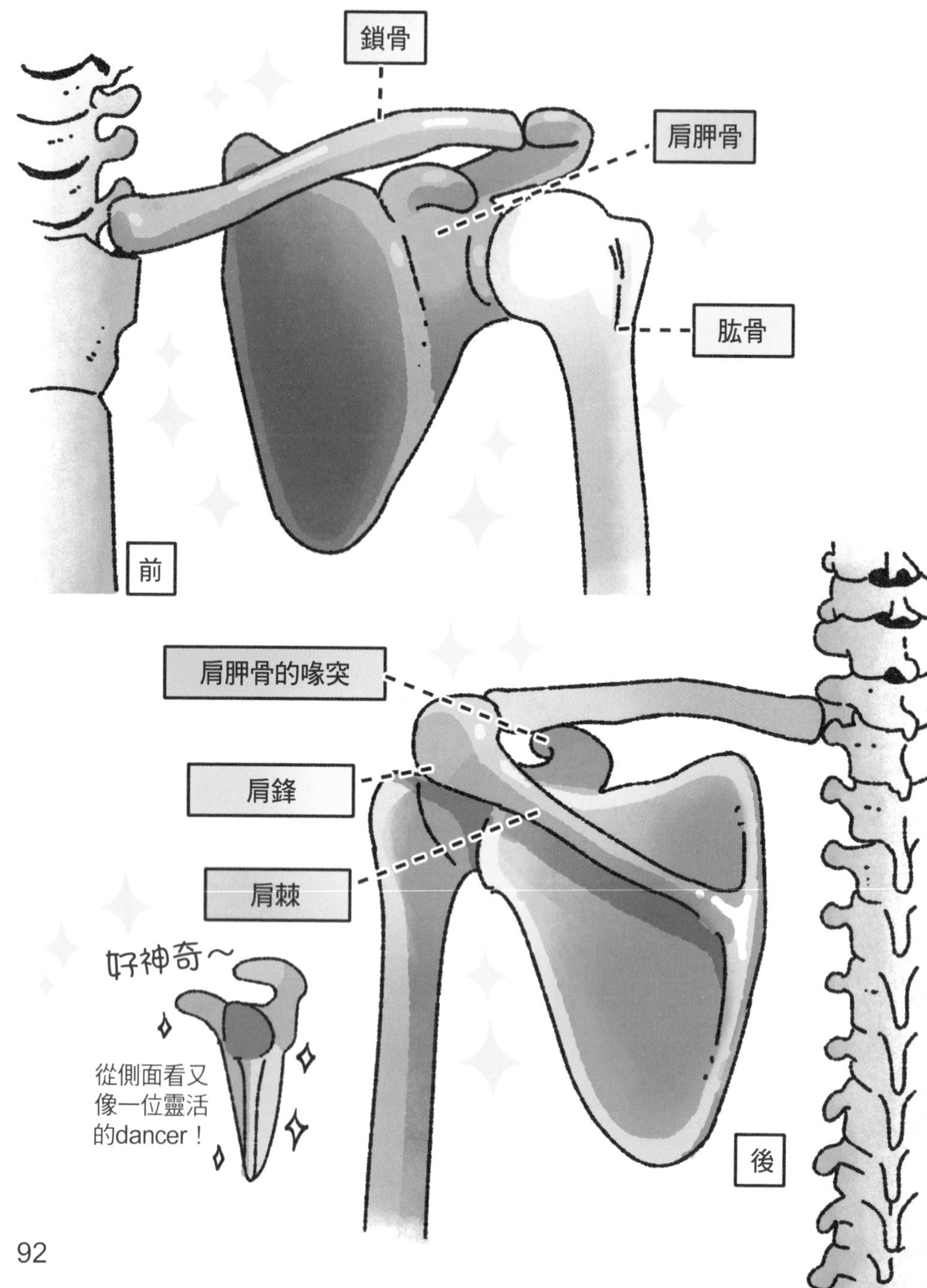

## 解剖漫畫劇場

關於解剖學的小知識

## 用肩胛骨和ATP來炫富吧！

近幾年在韓國流行起「Flex」（flexion，縮寫為flex）這個詞，用在當你想炫富或展現自己的時候。有些人比起炫富，更追求完美的身體肌肉帶來的成就感，甚至只要一想到自己夾緊肩胛骨的背影，就會忍不住會心一笑。

人體在做包括「彎曲」在內的運動或使力時，所消耗的「能量」，就是富含「能量」的ATP（三磷酸腺苷，adenosine triphosphate）。與其說ATP是能量本身，說它是一種有機化合物更為正確。但不管怎麼樣，為了解釋ATP，我們常以「貨幣」來做比喻，ATP又被稱為「能源貨幣」。

*Flex：英文原意是「伸展、彎曲身體肌肉」，後來衍生出「炫富、炫耀自己、刷存在感」等意思，例如當你去旅行時住進一間五星級飯店，可以用「今天不小心Flex了」來表達。

（ATP 勒索現場）

像罹患骨質疏鬆症的骨頭一般，有些人覺得自己的口袋不夠深，大概這輩子沒有機會炫富了。其實不用擔心，如果能多活動身體，在不斷消耗ATP的過程中，也同樣能感受到「Flex」的感覺，因為，「能源貨幣」ATP即使全部用光，也能再透過攝取熱量和營養來加值，不用擔心會因此破產，身材也會越來越好看呢。

骨頭能做到的事情比想像中還多喔！

其中，有一類專門為保護而特化的骨頭…

第7回

# 完美的縫合：頭骨

《聖誕夜驚魂》｜提姆·波頓｜1993

## 頭骨的主要功能是「保護大腦」。

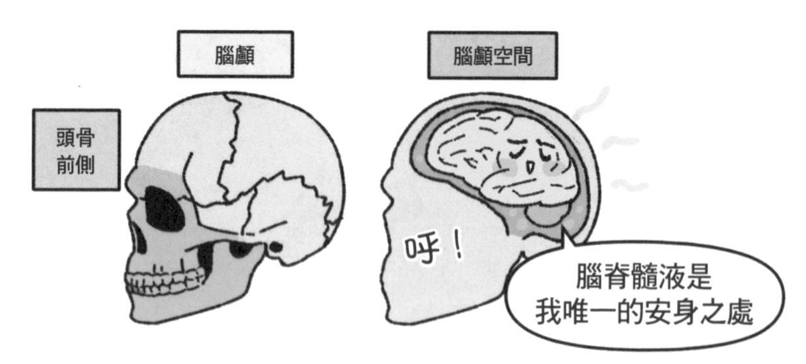


一般來說，骨頭會隨着柔軟的軟骨變硬而生成，但頭骨是由覆蓋在大腦上的「膜」而變得堅硬，進而成為骨頭的。

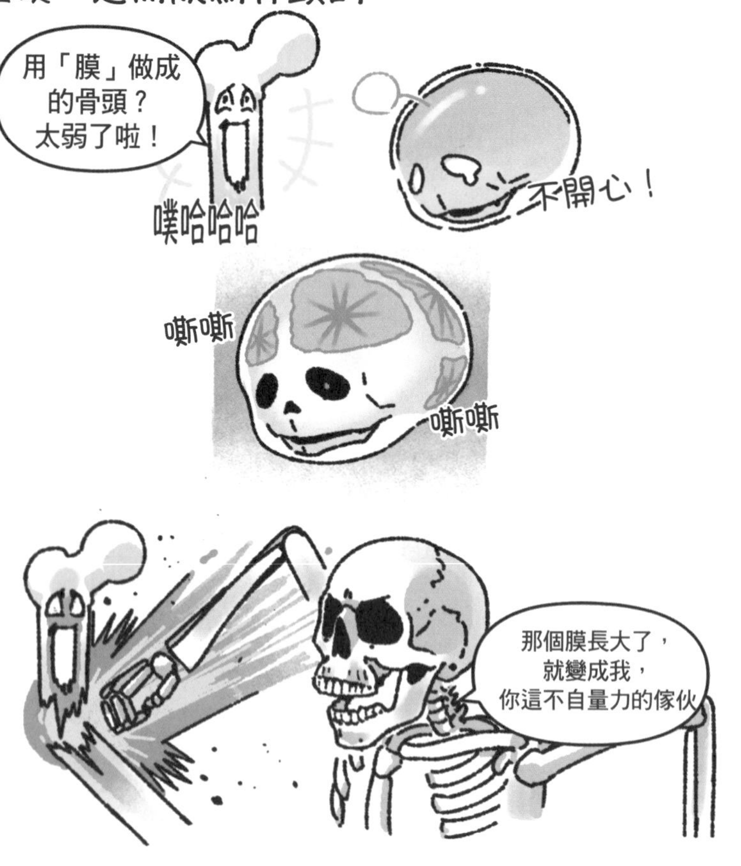

這個膜會在胎兒2個月大左右，從內側開始變硬，再形成像頭骨般的外觀，但並沒有完全覆蓋住大腦，仍留下了一些「縫隙」。

養過小孩的應該知道，嬰兒頭頂都軟軟的，這種縫隙又稱為「呼吸孔」，也叫做「囟門」。

大腦並不是真的用那裡呼吸，
而是為了配合大腦成長的暫時性空間。

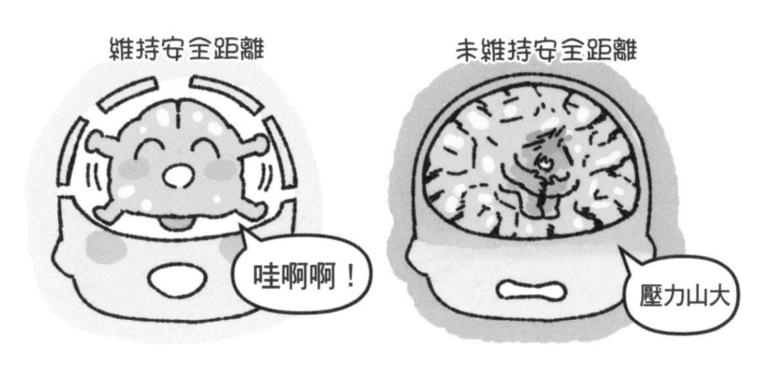

嬰兒出生後16個月左右，囟門就會密合起來。

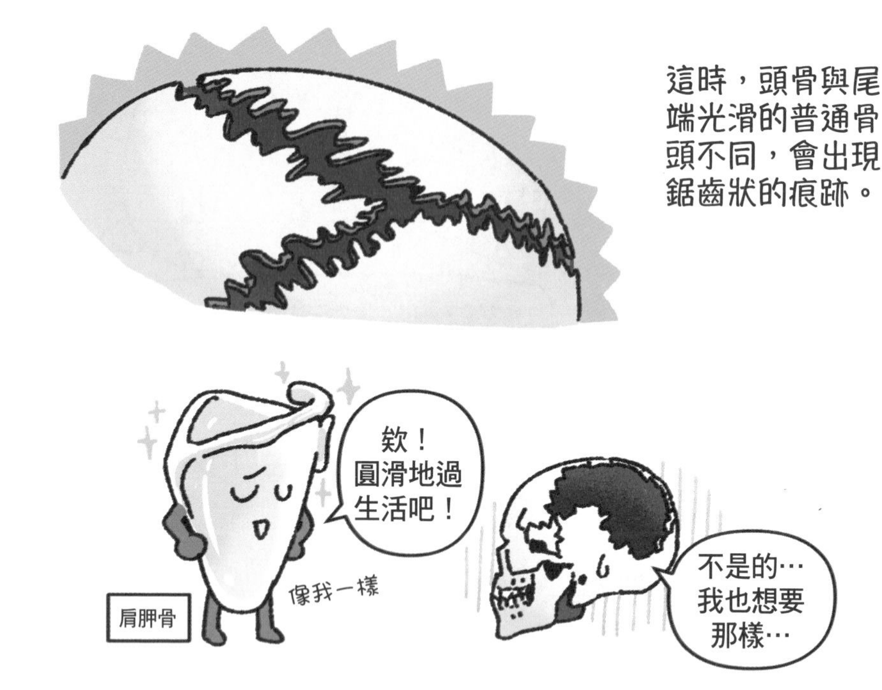


這種鋸齒狀的突起從兩側完美地咬合，形成一個腦脊髓液無法外漏的無縫隙砂鍋。

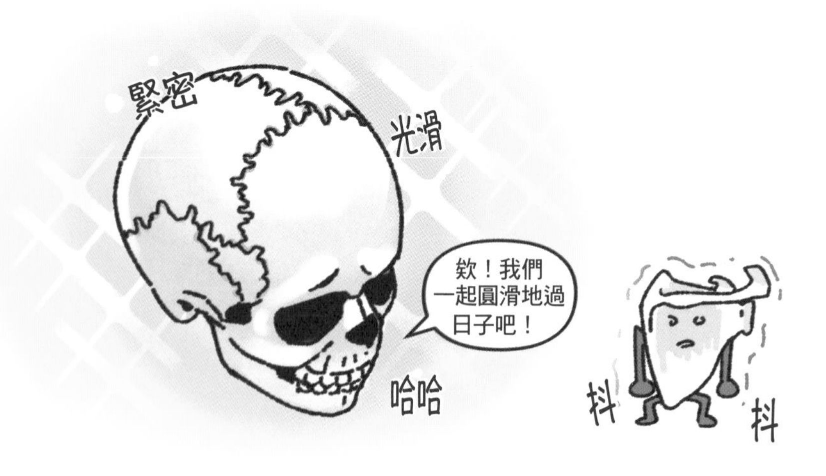

就這樣成為保護大腦的完美頭骨……？

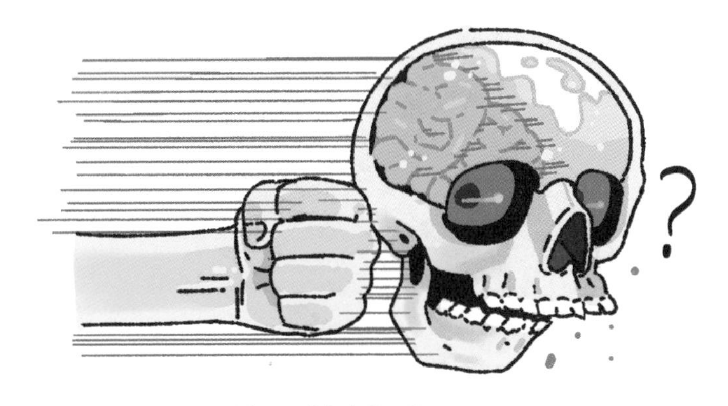


並不能好嗎！！！

雖然能防止外來的衝擊，但如果受到震動，而導致大腦和骨頭互相碰撞而產生較大的衝擊時，就完了！

布丁（芭比Q了）

頭骨其實並不完美。

啄木鳥像人類一樣，在堅硬的頭骨裡擁有一顆柔軟的大腦，每天最多可以搖頭晃腦1萬2千次，即便如此，大腦仍然很正常。

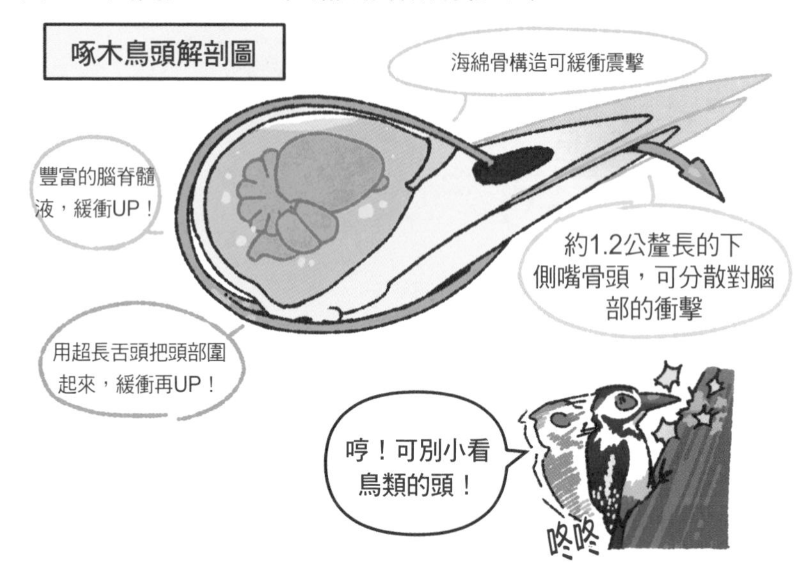


透過分析啄木鳥的頭部構造，我們試圖補足人類不完美的頭骨。

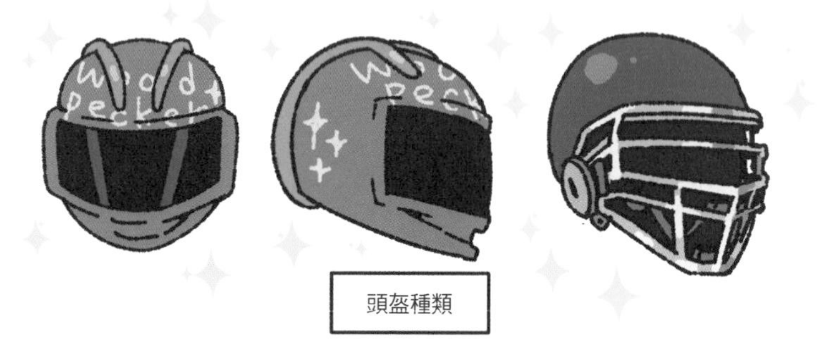


根據最近的研究結果顯示，說不定啄木鳥的大腦也有受到損傷。

又該怎麼
辦好呢？

這不就代表解剖學
有更多可能性嗎？

至今為止，都是解剖學引領著醫學、體育等多個領域，但其終點肯定是Everybody（人體）。
喔呦～

所以大企業最好也要瞭解解剖學，
才能打造有如人體這部完美機械的
運作流程！

# 解剖頭部來看看

砂鍋

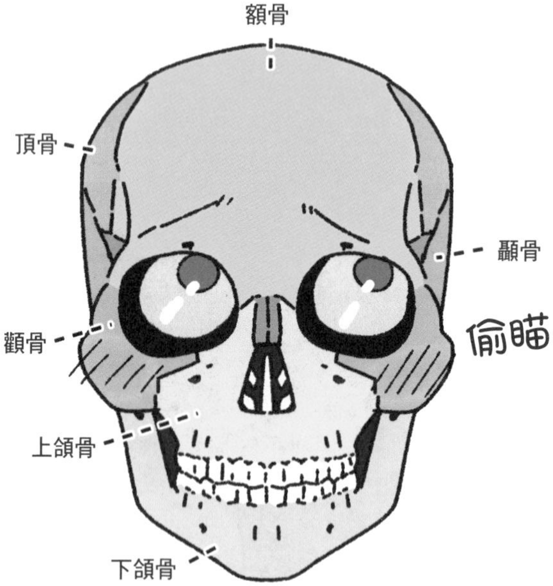

額骨
頂骨
顳骨
顴骨
偷瞄
上頜骨
下頜骨

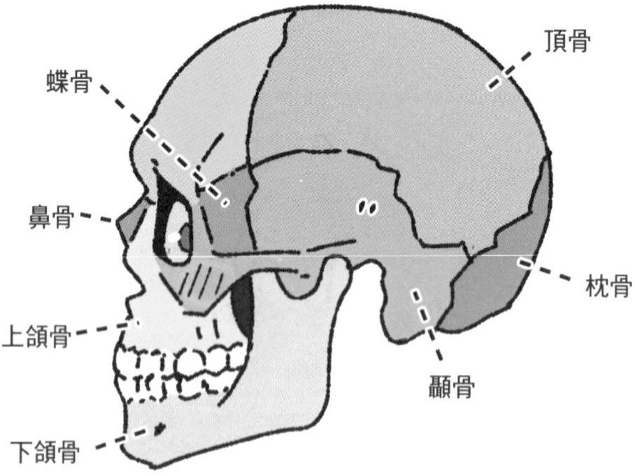

頂骨
蝶骨
鼻骨
枕骨
上頜骨
顳骨
下頜骨

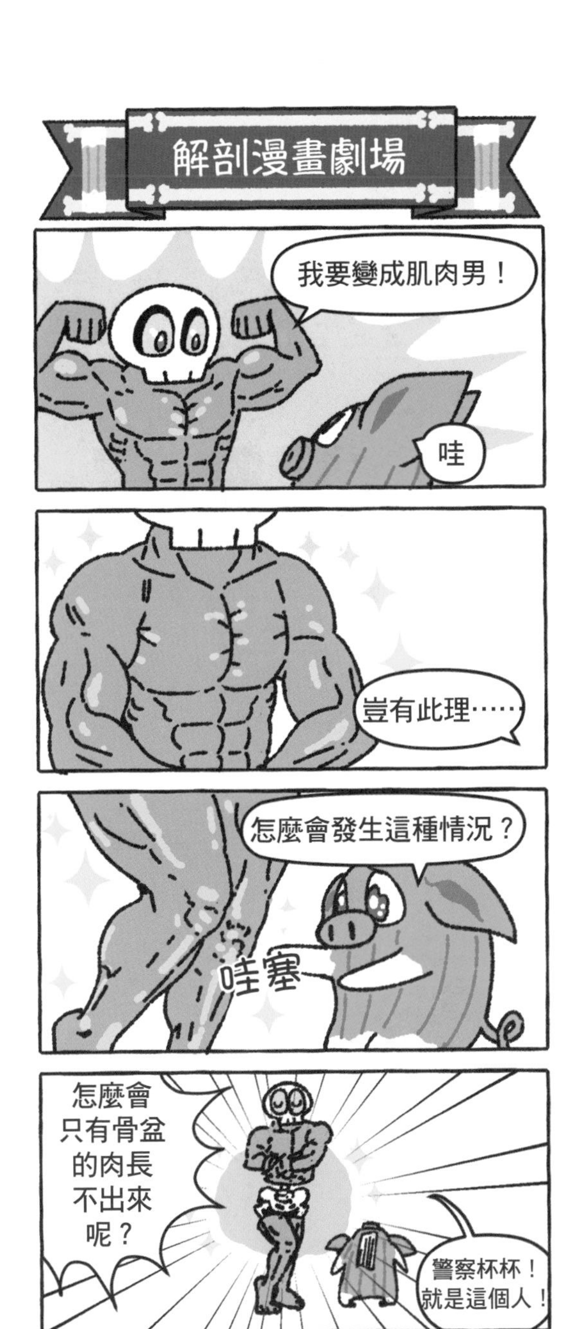
解剖漫畫劇場
我要變成肌肉男！
哇
豈有此理……
怎麼會發生這種情況？
哇塞
怎麼會只有骨盆的肉長不出來呢？
警察杯杯！就是這個人！

關於解剖學的小知識

# 原來頭骨裡藏著恐龍！

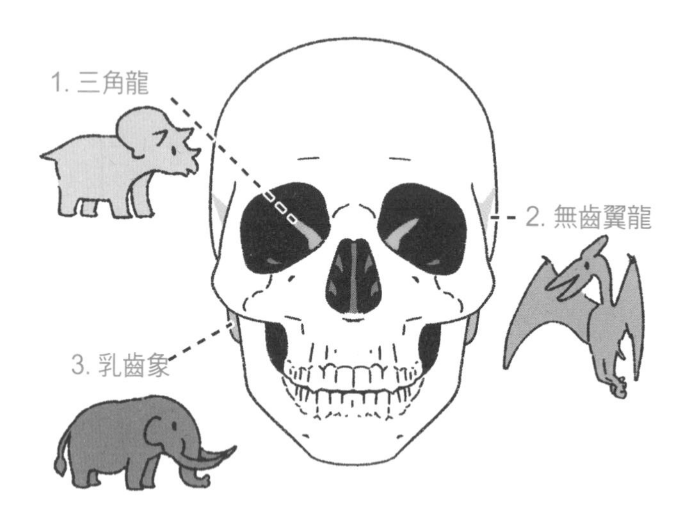


1. 視神經管（Optic Canal）是源自於希臘語「可以看見的」一詞，從圖上可以看到，視神經管和三角龍（Triceratops）的角很類似。

三角龍的屬名是「Triceratops」，這個詞源自希臘文，意思是「有三個角的臉」。

2. 蝶骨的翼狀突起（pterygoid process）的語源和無齒翼龍（Pteranodon）、始祖鳥（Archaeopteryx）一樣，都來自希臘文的「翼」。

3. 顳骨乳突（Mastoid Process）這個骨頭部位的命名，和生活在新生代的乳齒象（Mastodon）一樣，語源都來自希臘文的Masto，是「乳房、乳頭」的意思，因為顳骨乳突和乳齒象的臼齒形狀，都是「如乳頭般突出的牙齒」。

Mastodon（乳齒象）
Masto（乳房）＋Odont（牙齒）
＝擁有像乳頭般突出的牙齒的動物

或許，很多人都聽過這個解剖學詞彙—「膕旁肌（大腿後側肌群）」…

源自於日耳曼語的大腿肉（ham）和繩子（string），意指「大腿肉的繩子」。

起初它的意思是指局部大腿肌肉的「肌腱」，但現在則是指「大腿肌肉」的一部分。

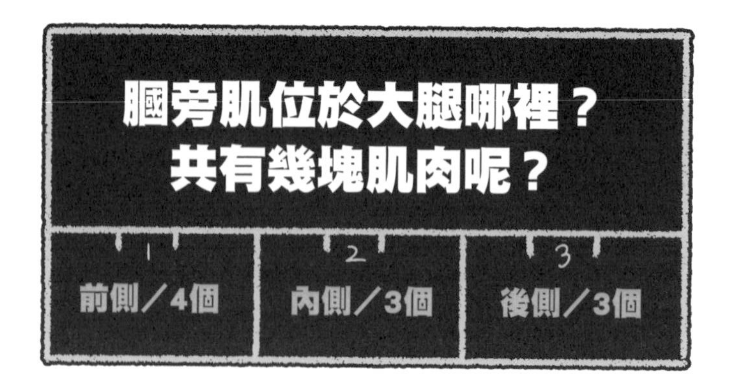

第8回

# 您知道多少個膕旁肌呢？：大腿

《流汗吧！健身少女》｜三肉必起・牙霸子、MAAM｜動畫工房｜2019

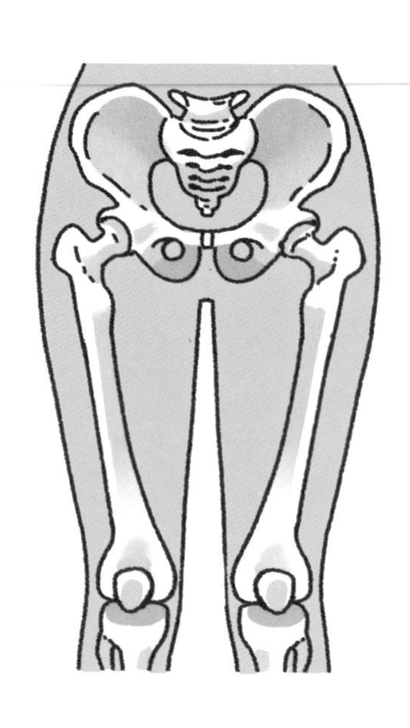

「股骨」位於大腿內部上端，是一塊筆直向內傾斜的骨頭。

股骨上端和骨盆相連的地方稱為「髖關節」，

兩者被韌帶牢牢地連結，能充分承受活動時的衝擊。

大腿肌肉附著在股骨上，大致可分為三個區域，位於股骨前側的是「股四頭肌」。

若只看名字，就像「肱二頭肌）」一樣，股四頭肌雖然像是有四個頭的肌肉，但將四種不同的肌肉綑綁在一起後合稱的名字而已。

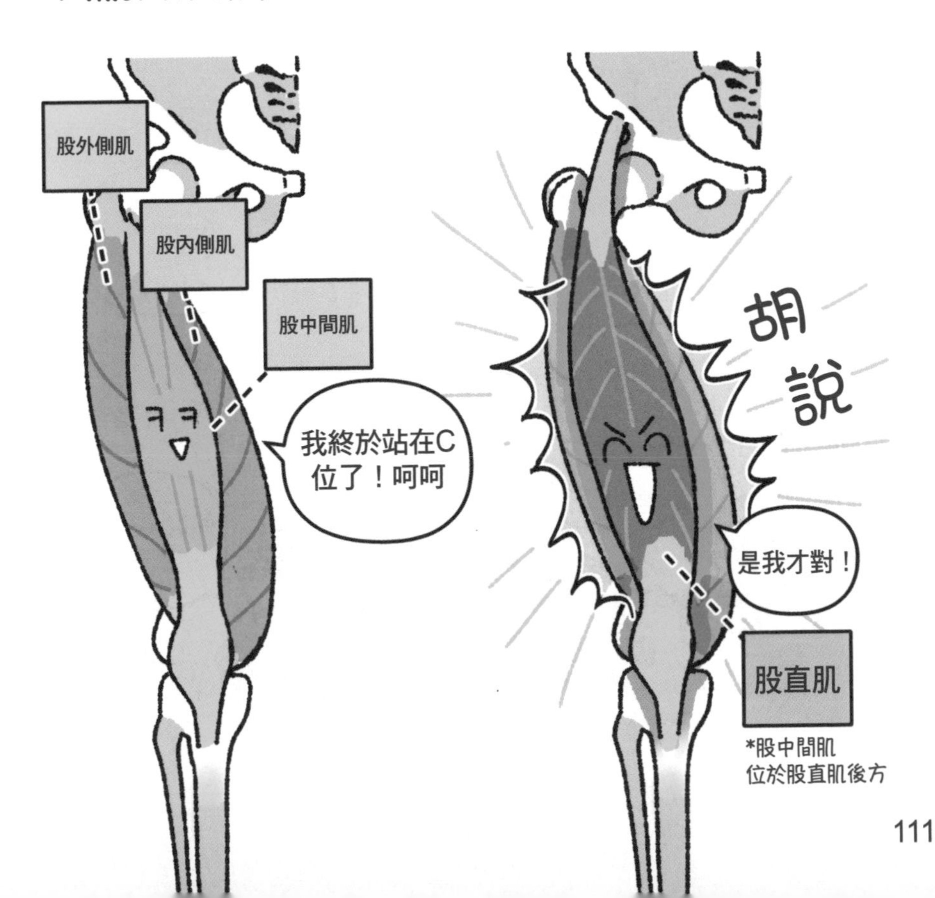

股四頭肌通常被肉覆蓋著，但在健美運動員的腿上一定可以清楚看到。

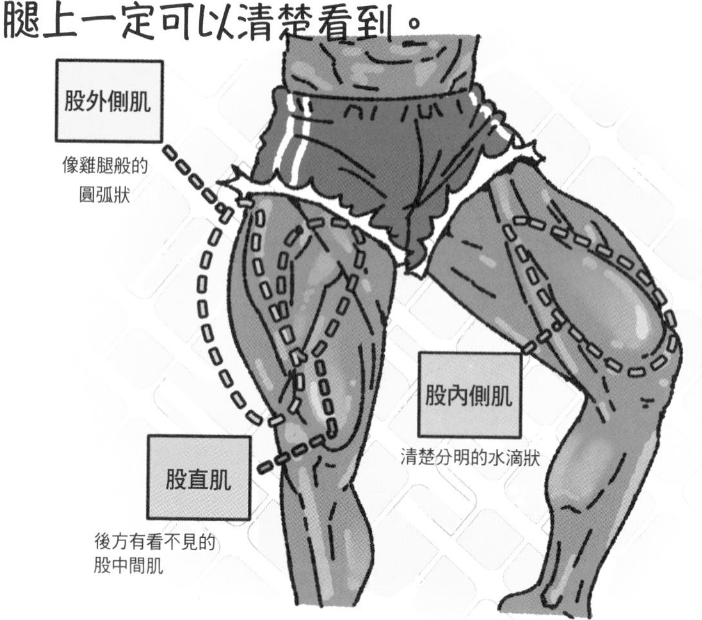


其中，股直肌僵硬時，
即使膝蓋骨沒有問題，
但也會引起膝蓋疼痛
的「髕骨疼痛症候群
（Patellofemoral pain
syndrome，PFPS）」。

膕旁肌也不是位在股骨的內側，位於大腿內側的是「內收肌群」。

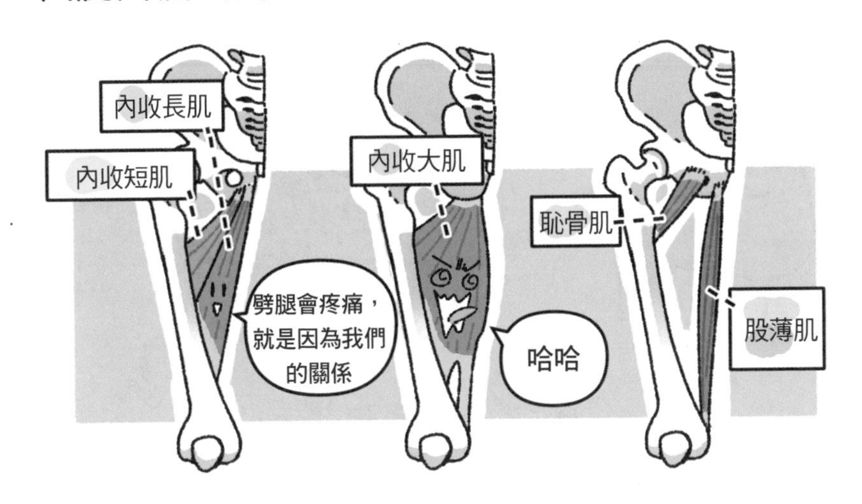

如同為了填充骨盆骨、股骨和膝蓋骨之間的三角空間一般，扎實地塞滿。

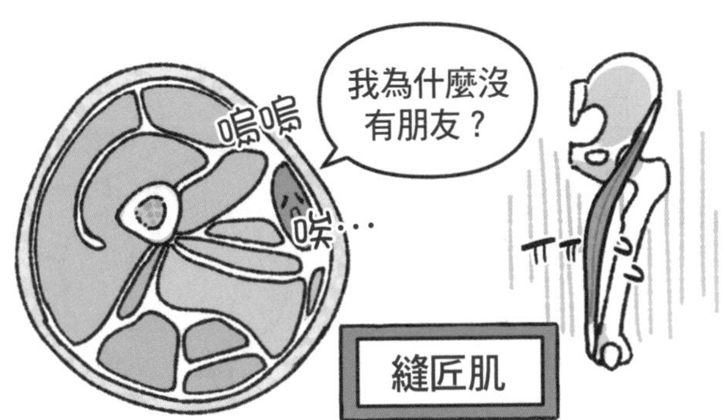

不屬於任何地方的「縫匠肌」，負責從骨盆到膝蓋內側，細膩地調整下半身的各種運動。

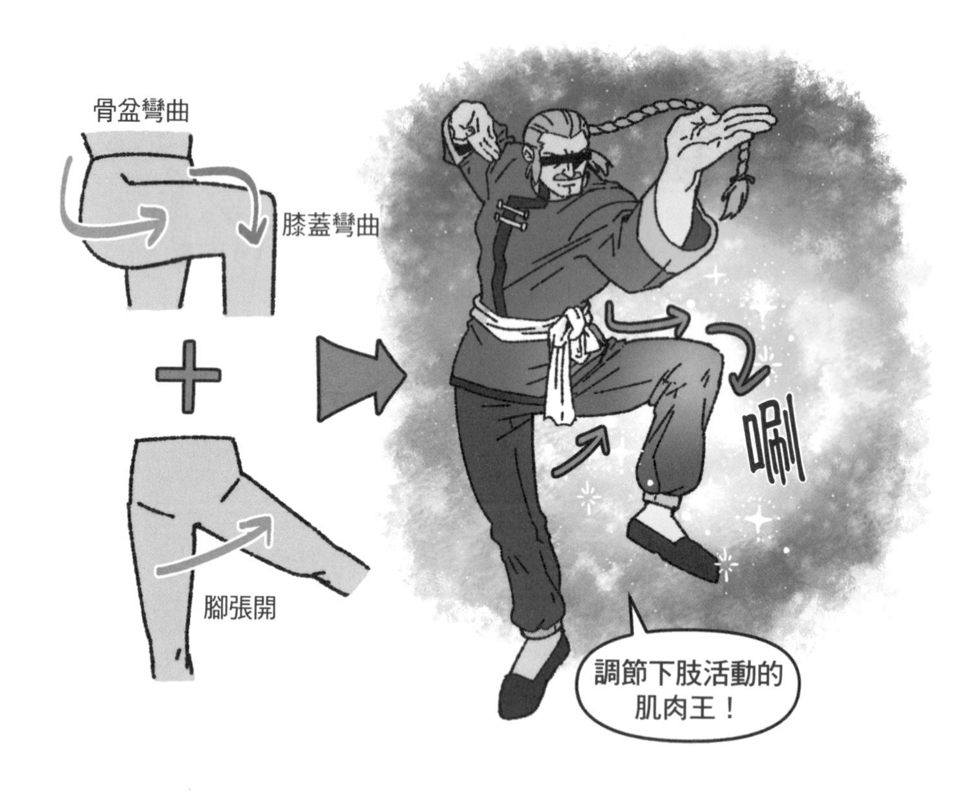


縫匠肌末端的部分與股薄肌、半腱肌一起形成鵝腳般的形狀，因此稱為「鵝腳腱」。

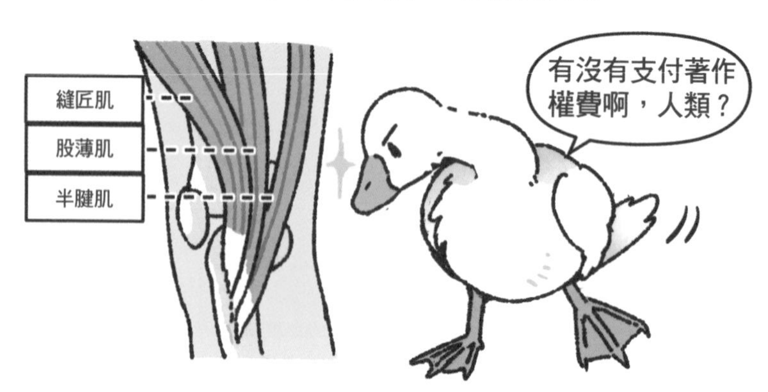

膕旁肌則是位於股骨的後側。

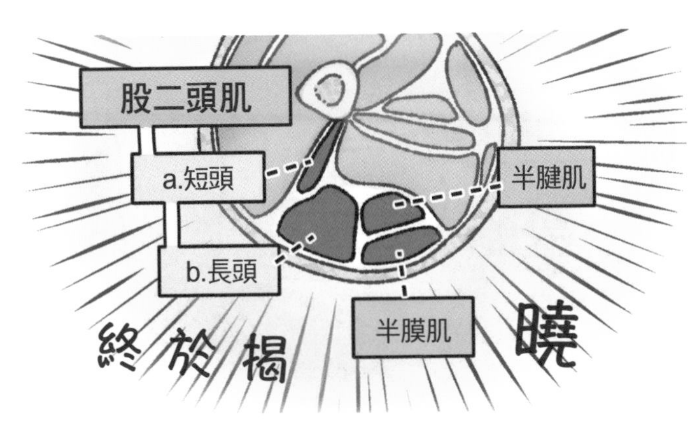

因為股二頭肌包含了短頭肌與長頭肌，所以看

膕旁肌雖然有名，事實上最發達的是，位於股骨前側的股四頭肌。

所以，我們可以靠反向的運動，來強化股骨後側的膕旁肌，讓身體維持平衡。

驢踢

保加利亞分腿蹲

橋式

如果連內收肌群（大腿內側）也一起運動到，更好。

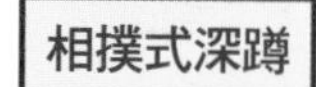

解剖漫畫劇場
鬼鬼啊…濃縮咖啡那麼苦澀，為什麼要喝啊？
那為什麼要喝蔬果汁呢？
你試喝看看就知道啦！！
鏘鏘
哼！
咕嚕咕嚕～
啊…這是間接接吻嗎？
不過…這兩種都很好喝♥

關於解剖學的小知識

## 大肌肉需要大伸展運動

人類的大腿肌肉很大塊，還包含了身體最長的肌肉（縫匠肌）和第二長的肌肉（股薄肌），而作為大腿骨架的股骨，則是身體最大的骨頭。

大腿肌肉因位置和體積大小的關係，對人類的許多動作都造成重大影響，但與肩部或頸部相比，它也是不常被伸展和按摩的部位。如果某些動作做起來不太靈活時，請先讓大腿的前側和後側徹底活動一下，然後，再重新嘗試原本不太靈活的動作。

● 伸展大腿前側

慢慢試著挑戰自己的活動極限。
*小心腰部不要太往後彎！

● 伸展大腿後側

在靜止的狀態下，深呼吸慢慢蹲下去，再吐氣，使指尖靠近地面，雙腿儘量伸直。手掌碰觸到地面就可以了！

*大腿和小腿等下半身肌肉，都能獲得伸展。
*如果出現疼痛或痠麻症狀時，請輕輕地漸進式進行即可！

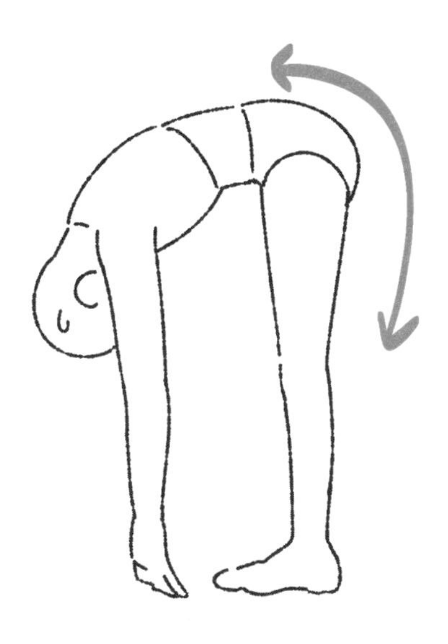

## 說到支撐整個身體的脊椎…

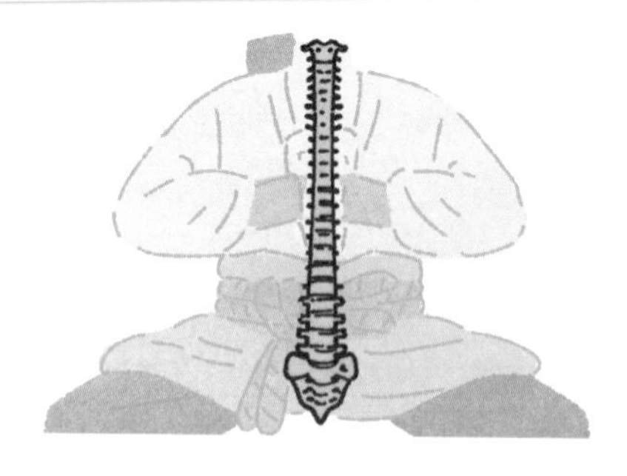

其中的「腰椎」，為了承受全身上至下的重量，擁有大的椎體和王冠般的突起。

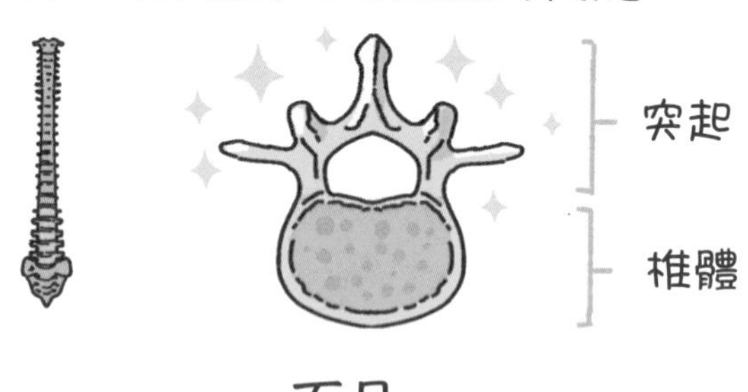


而且…

「欲戴王冠者」

「必須承載其重量……」

《親切的金子》｜朴贊郁｜2005

Thanks for the sacrifice of the spine

# 你腰痛了嗎？
# ：脊椎

人類的脊椎以之字形交錯，並呈現S形彎曲狀。

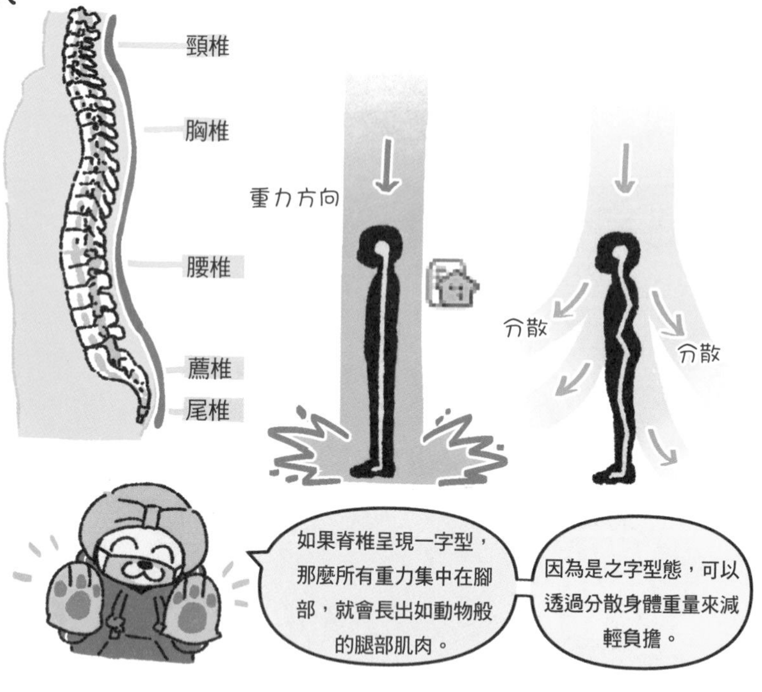


嬰兒的脊椎最初如C形彎曲，但開始活動之後，頸部和腰部就會呈相反方向彎曲。

這兩個部位一輩子都在受苦。

脊柱能保護從大腦垂下來的脊髓神經，

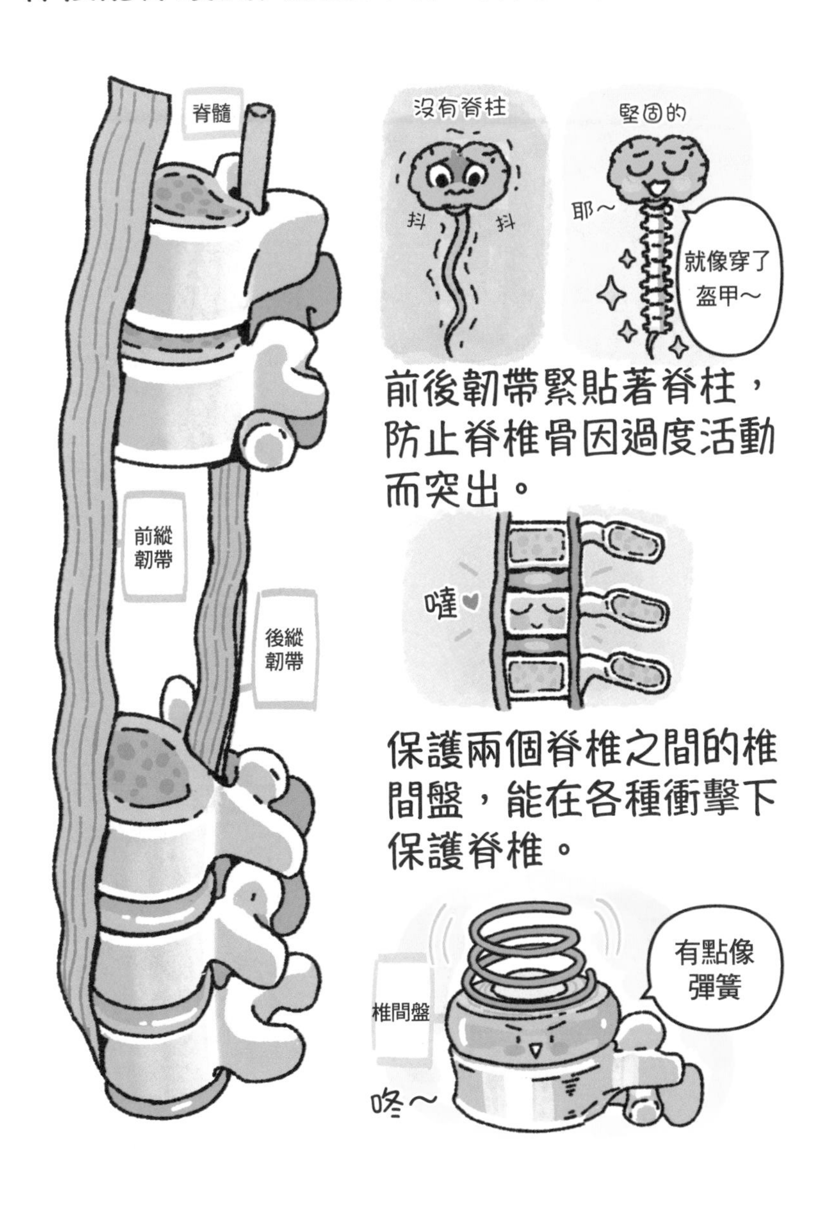


雖然有了這些幫助，但是在腰椎部位，因為長期承受巨大的重量，還要穩定連接上、下半身，所以很容易出現各種問題。

談到「腰部問題」，我們最先想起的就是俗稱的「骨刺」，正式名稱是「椎間盤突出」。

哼！
等等！
後縱韌帶
盤盤！不可以衝出去啊！！！
突然
神經女王

滾！我月經來了！不要惹我我！！！
我噗♥
閃開
不行!!

這就是「椎間盤突出」。位於腰部的腰椎間盤突出壓迫到右側的神經，下背或下半身會變得疼痛起來。

＊正確來說，不是椎間盤本身，而是裡面的髓核（nucleus ulposus）脫出而壓迫到的。
＊＊髓核：椎間盤內像有彈性的軟糖一般的物質，大部分是由水分所組成的。

即便椎間盤跑出來，只要不碰觸到神經，就不會產生疼痛感。

即便用X光照出了腰部椎間盤突出症狀，最後也別輕易斷言那是腰部疼痛的主因。

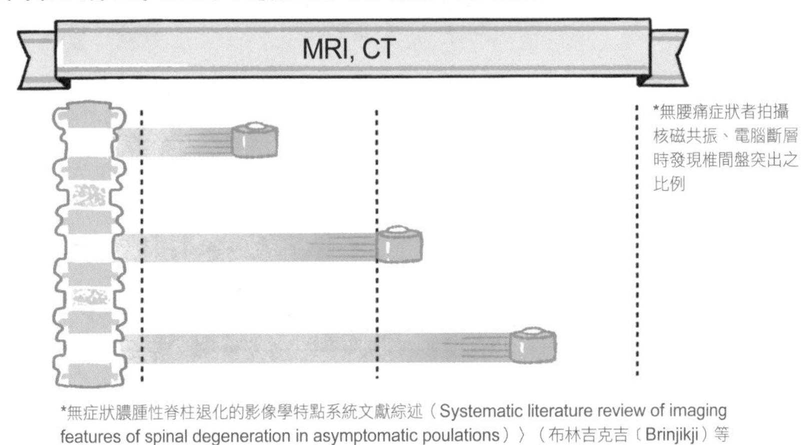


*無症狀腰腫性脊柱退化的影像學特點系統文獻綜述（Systematic literature review of imaging features of spinal degeneration in asymptomatic poulations）〉（布林吉克吉〔Brinjikji）等人，《美國放射線雜誌AJNR Am J neuroradial》2014 年11月》

出現腰痛，但不是腰椎引起，而是腰部肌肉和韌帶引起的情況更常見。

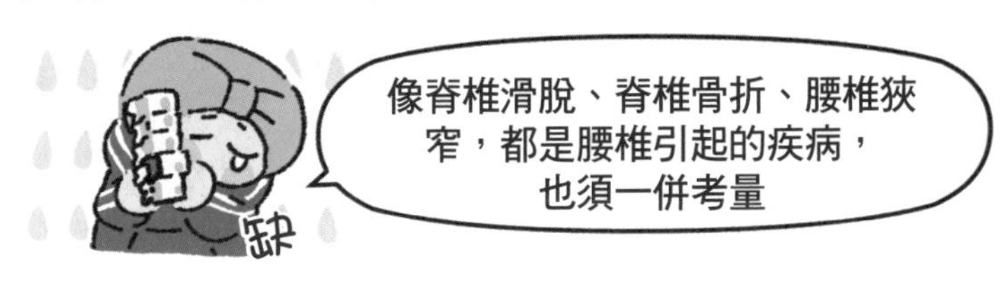

容易腰痛，大多是因為「腰方肌」太過緊繃的關係。

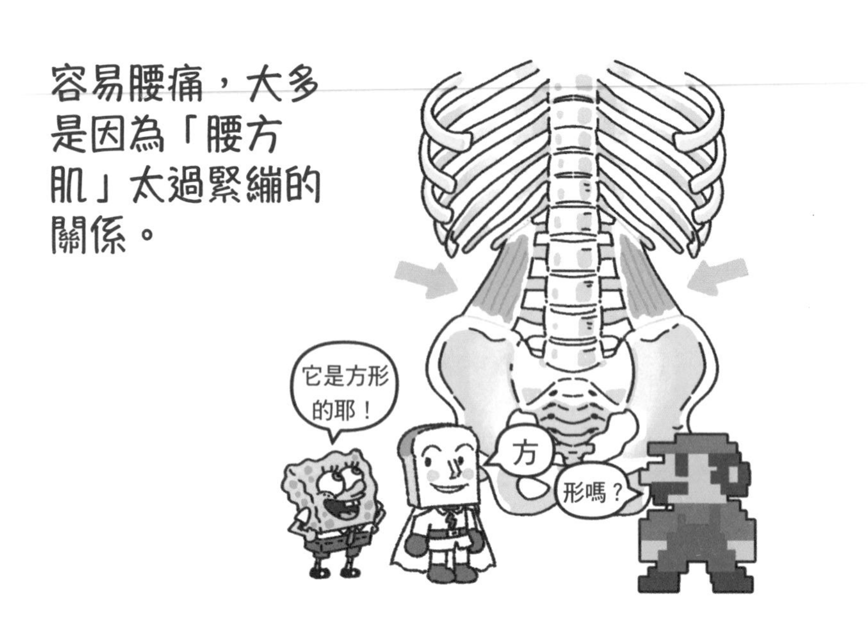


主要發生在以腰部支撐來搬重物，並轉動腰部時。

提重物時，不是用腰部力量，而是用下肢的力量，才能預防受傷。

有時臀部肌肉的疼痛，也會被誤以為是腰部疼痛。

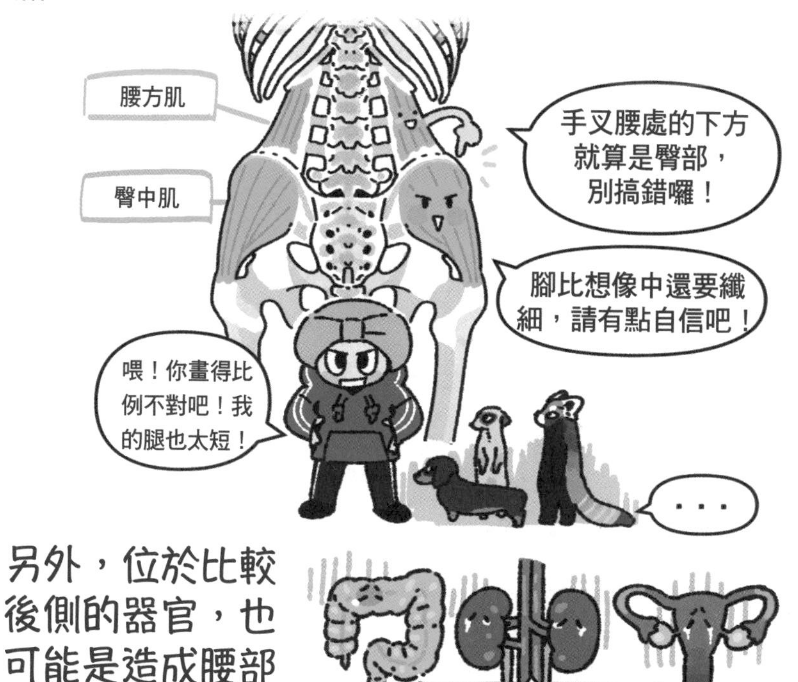


另外，位於比較後側的器官，也可能是造成腰部疼痛的原因。

腰部疼痛的原因非常多，首先會想到的就是「椎間盤」，但對於腰椎和椎間盤來說，這是很冤枉的。

脊椎今天也很努力地工作

脊椎雖然沉默無語，卻每天
努力支撐著我們的身體

脊椎今天也是用性命在工作呢！

解剖漫畫劇場
哇，新出的去角質凝膠
每天去角質，皮膚滑溜溜！！
蛤？
買一個回去試試！
如果你每天都去角質的話……
滑溜溜
骨質疏鬆
骨頭粉碎
不捨
即使你GG了，我會記得你的！
呸！你才GG

## 解謎腰痠背痛

腰痠背痛的原因各式各樣，不一定是來自腰背部，很可能是位於腰背部另一側的「腹部肌肉」。

因為腹部肌肉如果不夠強壯，就無法支撐腹部的重量，那麼就可能會造成腰椎過度往前。因此，腹部的肌肉不僅會影響到腹部，還會影響到腰背部，是在日常生活中擔任重要角色，有實際幫助的肌肉。（把腹肌練成洗衣板的話，還可以用來洗衣服喔(..>　<..))

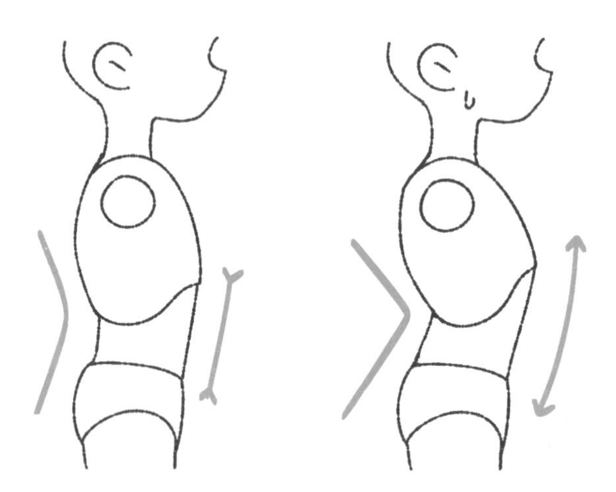

喂，小當家!!
今天是吃什麼料理呢？
期待
喀喀
喀喀
嘿嘿
就是這個！
…是彩虹粥？還是銀河麵？
你為何很興奮的感覺？
呵呵

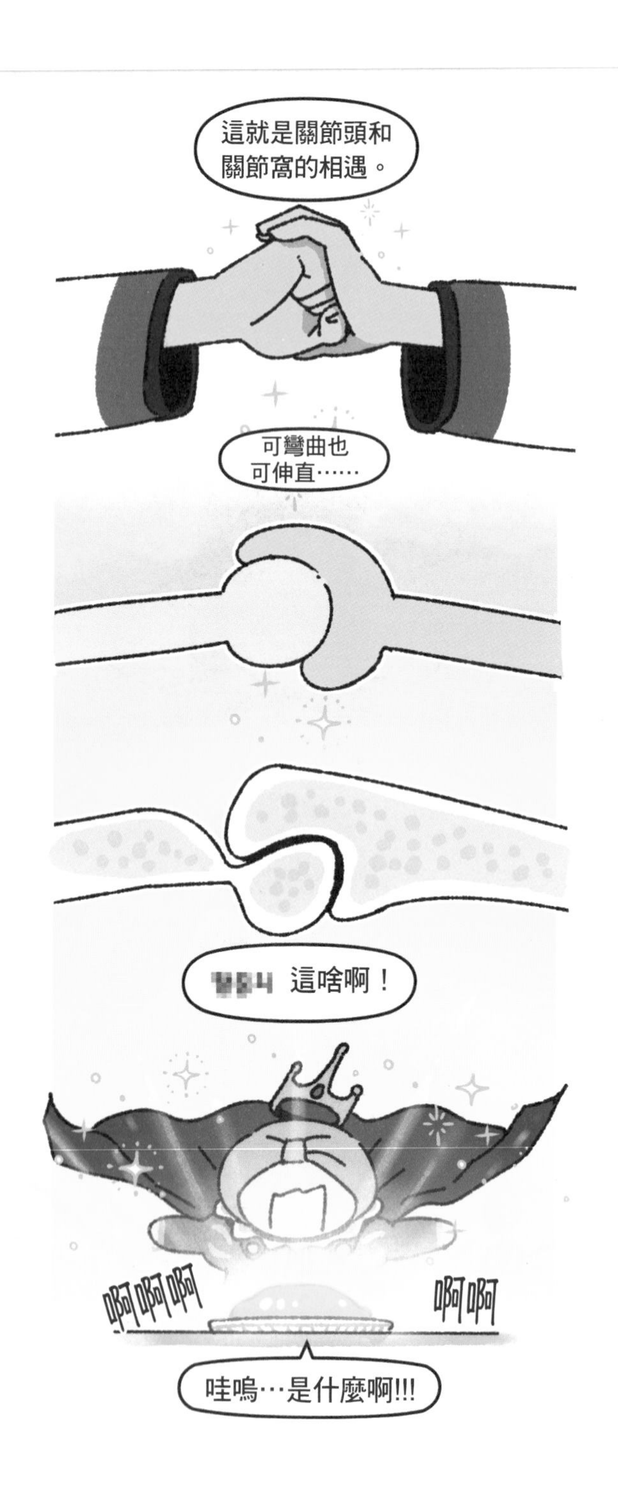
這就是關節頭和
關節窩的相遇。
可彎曲也
可伸直……
這啥啊！
啊啊啊
啊啊
哇嗚…是什麼啊!!!

第10回

# 一桿進洞！看我的

：手臂

這道料理是豬腳，用的是豬的「前腿」部位。

人類手臂的肘關節也像豬腳的骨骼一樣，是以骨頭凸出和凹陷的地方互相接合的。

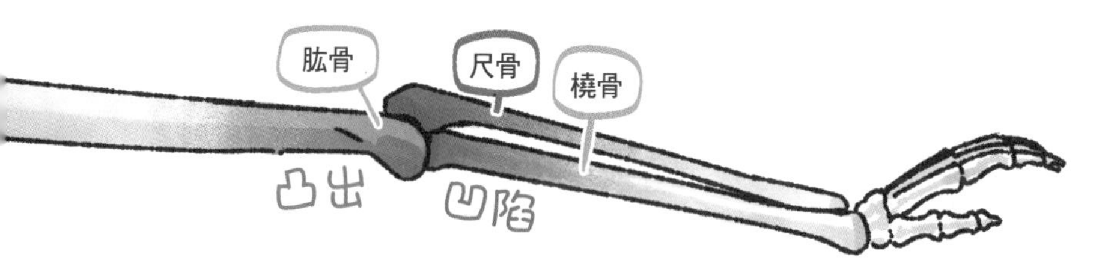


凸出的部分稱為「滑車」。

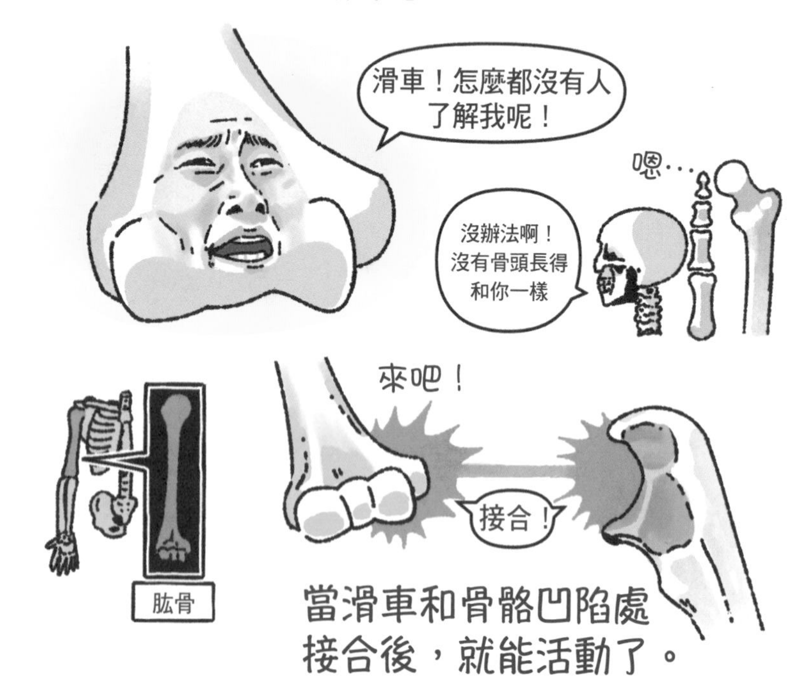


當滑車和骨骼凹陷處接合後，就能活動了。

骨骼凹陷處，是指下手臂兩個骨頭中的「尺骨」的上端。

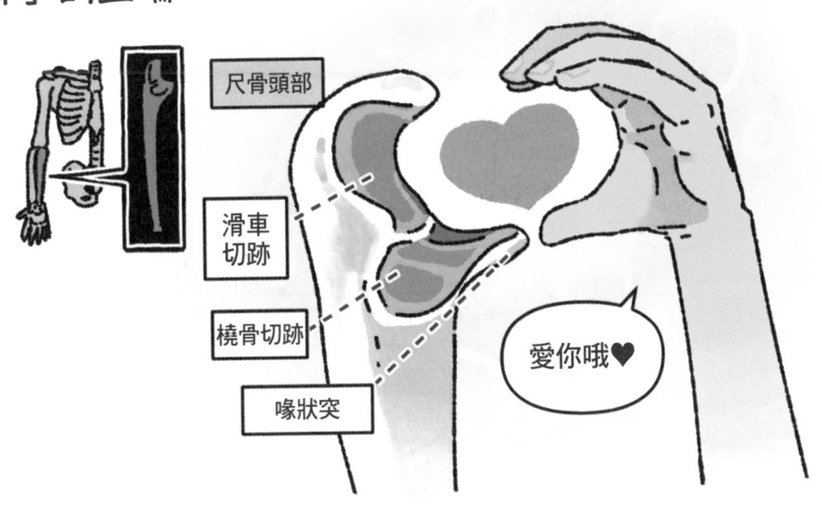


稱為「尺」骨，是因為凹陷處形狀有點像把手掌伸直測量長度的樣子。尺的象形文字，則是表現古代測量長度的單位——腳掌的形狀。

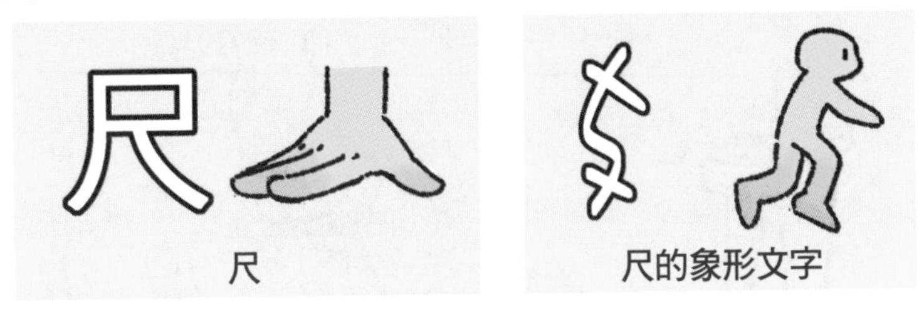


手腕至肘關節的長度，和腳掌長度一樣。

橈骨位於尺骨的旁邊。

橈骨上方被環狀韌帶緊緊包覆。由於小孩的肌肉、韌帶強度仍不足，如果手臂被用力拉扯，可能會使橈骨從韌帶中脫出（脫臼）。

在「理論上」，即便橈骨脫落，也仍然可以彎曲手臂。因為彎曲的動作是由肱骨的滑車和尺骨頭部負責的工作。

橈骨是負責轉動手腕的工作。

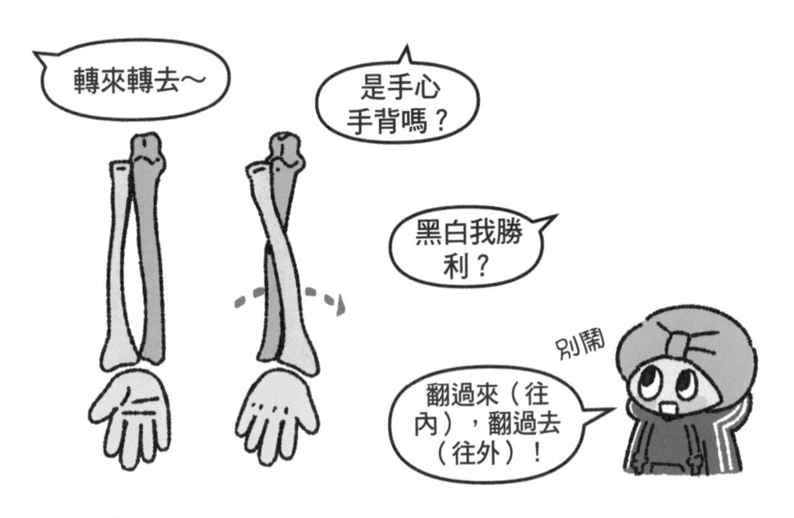


橈骨能越過固定不動的尺骨「翻轉」，橈骨因為是呈彎曲狀，所以彼此不會互相碰撞。

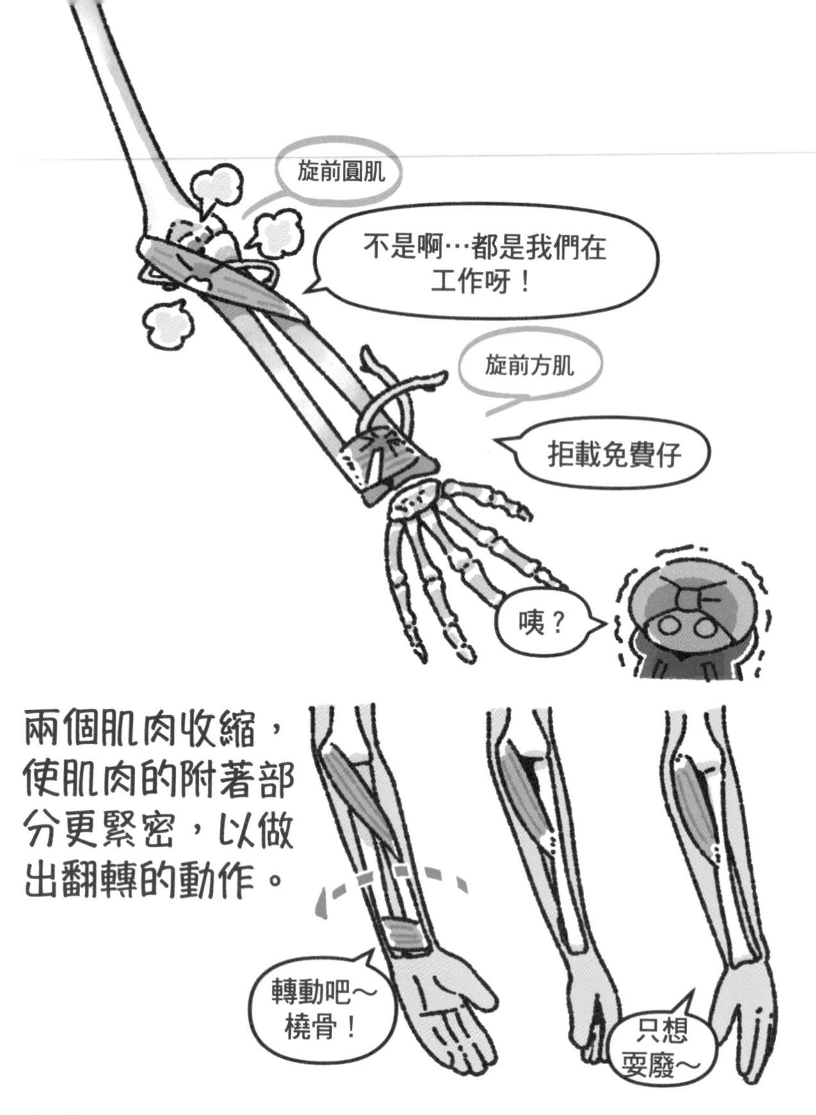


兩個肌肉收縮，使肌肉的附著部分更緊密，以做出翻轉的動作。

另外，還有和旋前圓肌關係密切的屈腕肌。

當肘部關節內側持續疼痛時，我們經常稱作「高爾夫球肘」。

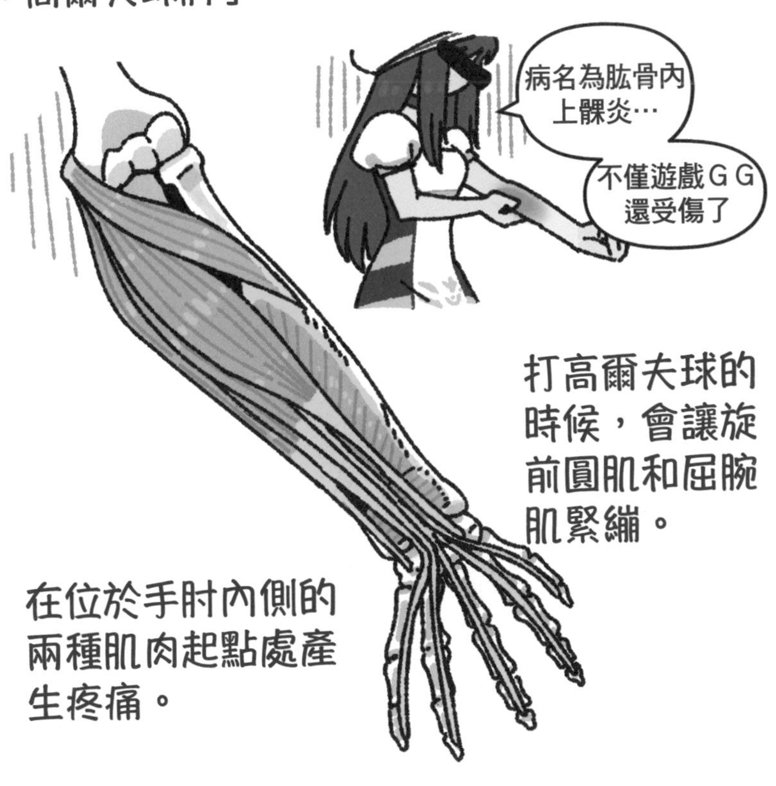


打高爾夫球的時候，會讓旋前圓肌和屈腕肌緊繃。

在位於手肘內側的兩種肌肉起點處產生疼痛。

主要發生在打球姿勢錯誤的菜鳥選手，或長期做相同動作的人身上。

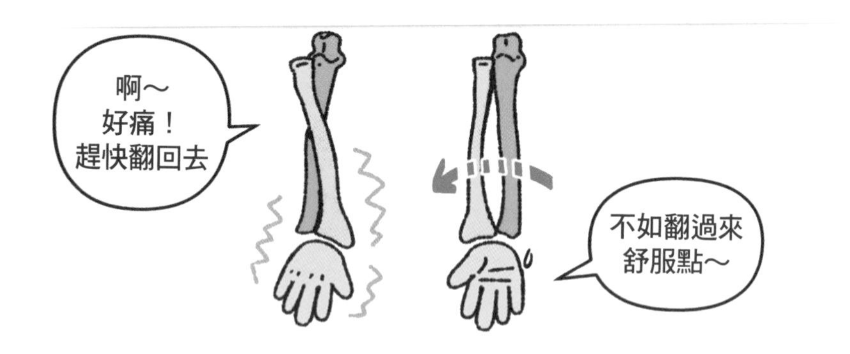


手掌「翻面」時，橈骨沿著橈骨移動，原本兩個骨骼呈X形，翻回時呈現11字形。

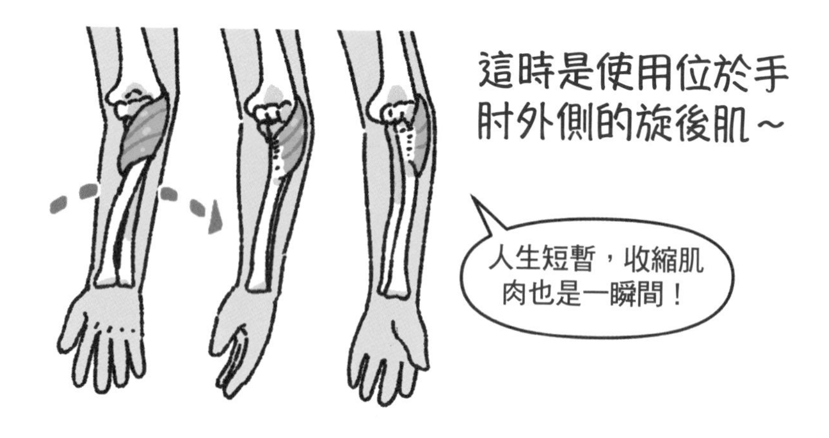


和旋後肌關係密切的伸肌，一起從肘關節外側開始動作……

這種症狀最常發生在網球選手身上，
所以又被稱為「網球肘」。

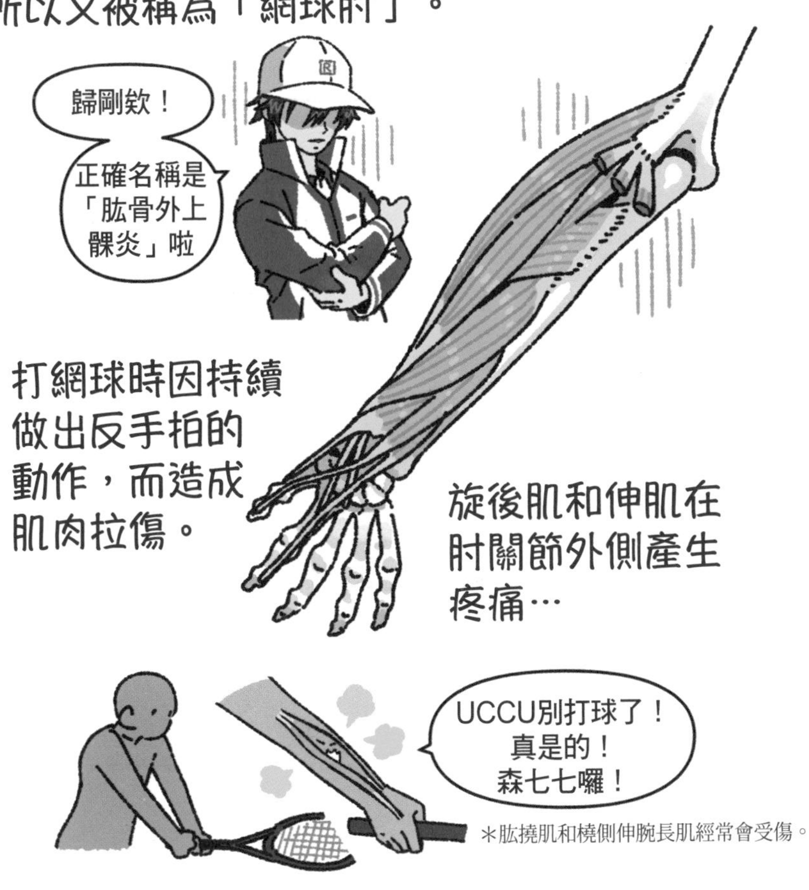


雖說如此…罹患這病症的人，反而是不打網球的人更多。

肘關節的病症大部分是因「過度使用」而引起的，或因隨著年紀增長而發生的「退化性疾病」。所以請各位要好好愛護肘關節！

解剖手臂肌肉

手腕屈肌
尺側屈腕肌
屈指淺肌
屈指深肌
橈側屈腕肌
手腕伸肌
橈側伸腕長肌
橈側伸腕短肌
伸小指肌
伸食指肌
尺側伸腕肌

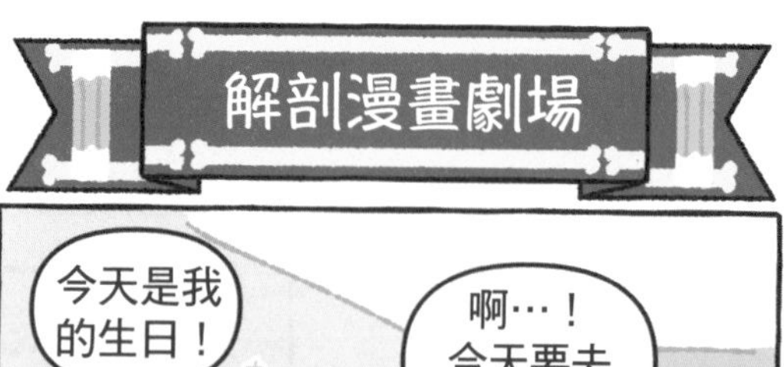

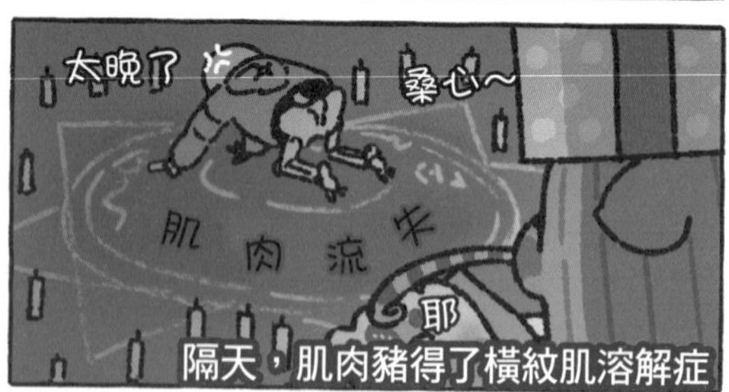


＊橫紋肌溶解症（rhabdomyolysis）：因肌肉遭到急速破壞而產生毒性物質，使腎臟功能損傷的疾病。

關於解剖學的小知識

# 健美手臂大賽（偽）最終回

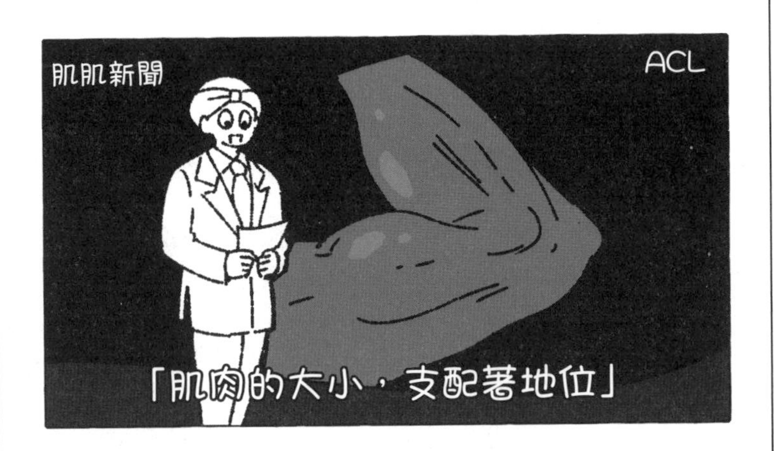

下集待續

人的脊椎骨中，有一塊骨骼既沒有棘突，也沒有強壯的椎體。

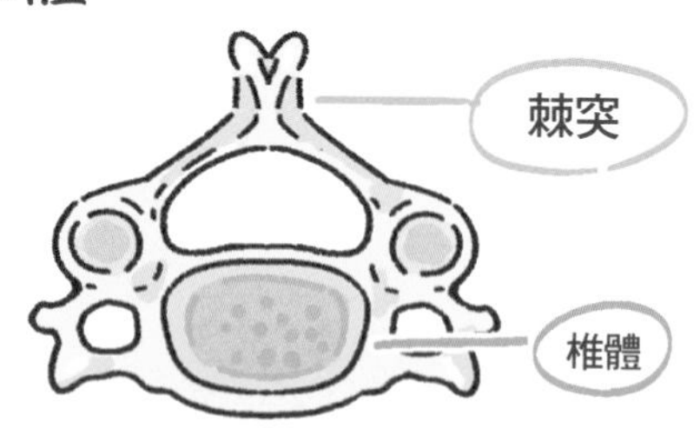

第11回

# 脖子的骨骼：頸椎

聲之形｜大今良時｜京都動畫｜2016

「頸椎」指的是連結頭部和身體的七塊骨頭。

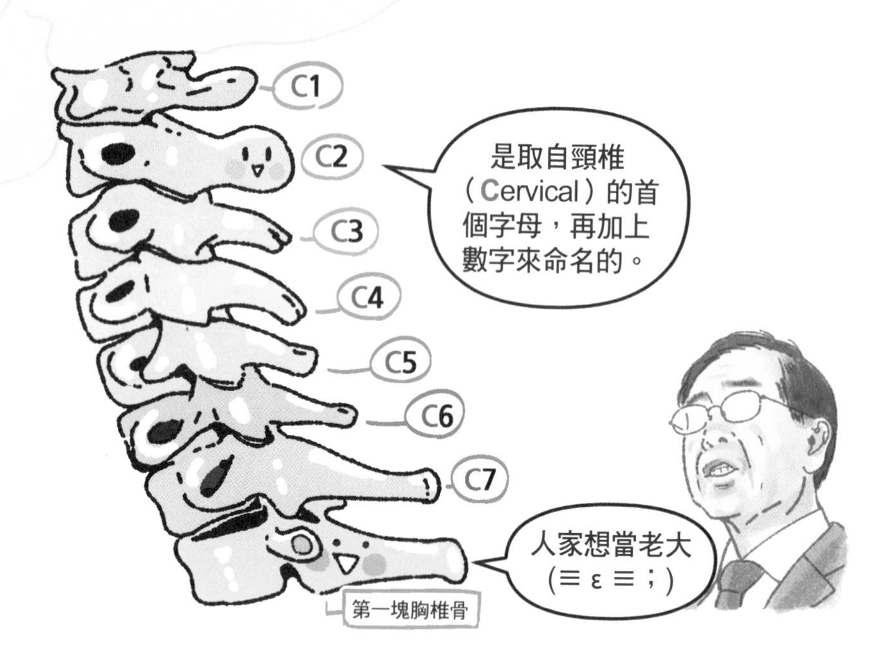


包含人類在內的大部分哺乳類，頸椎骨都是7塊，連小狗、貓咪、老鼠和長頸鹿也都一樣。

這7塊骨頭乘載約5公斤的頭部重量，並能承受身體的搖晃和旋轉。

消化了不亞於「移動之王」─肩膀的各式各樣動作。

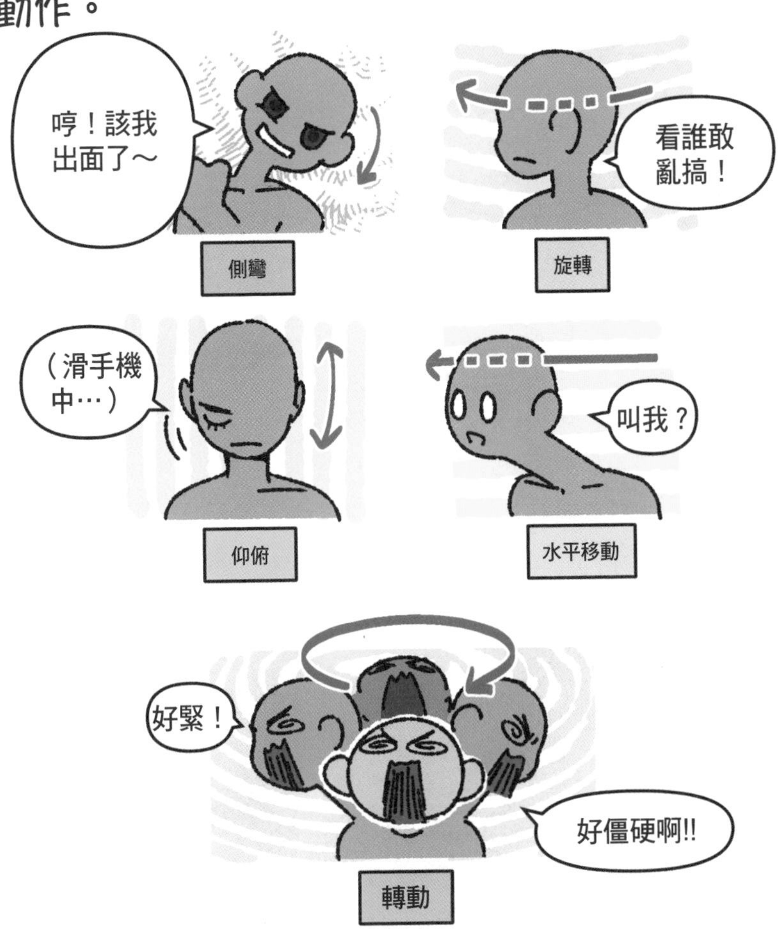

第一頸椎—寰椎（C1;Atlas）與「直接支撐頭骨的重任」相較之下，外觀相對樸實。

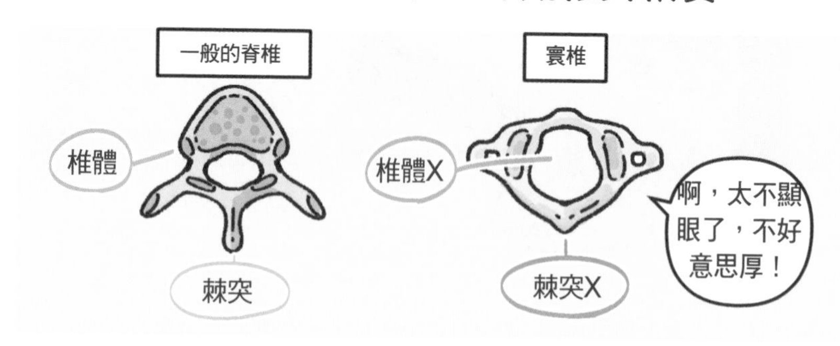


解剖學者—維薩里，是以希臘神話巨人神的名字為寰椎命名。

阿特拉斯因為揭竿而起反抗宙斯，受到了必須永遠支撐蒼天的懲罰。

阿特拉斯支撐著蒼天，就像頸椎支撐著我們的頭部。

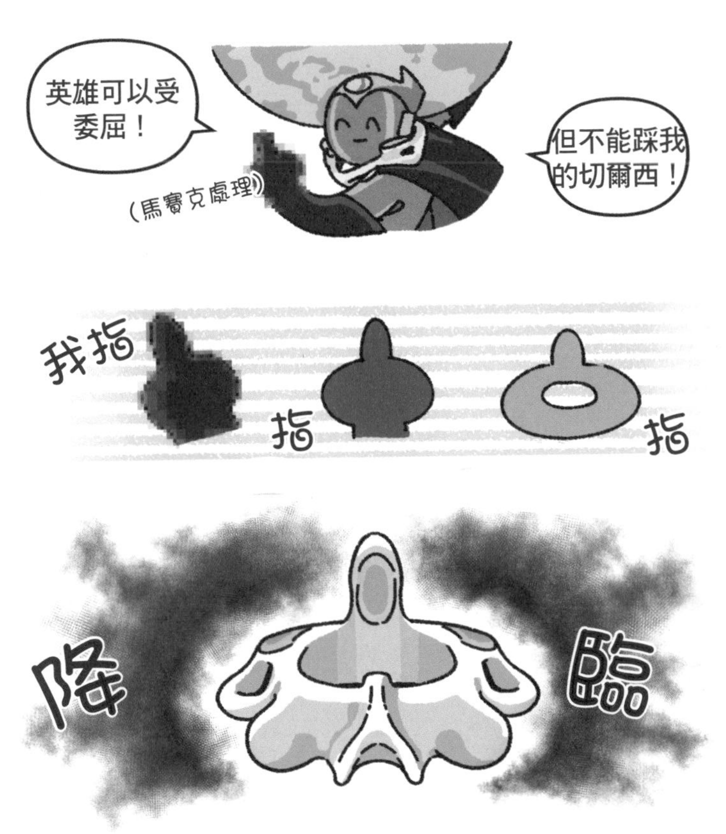


這是第二頸椎—樞椎（Axis，C2）。

樞椎的凸出處會和寰椎的凹陷處嵌合成一體。

合體後，人們便可以自由地轉頭。

反向的「點頭」則是透過頭骨和
寰椎完成動作的。



當然，骨頭只是結構，實際上主要支配搖頭、
點頭等動作的是胸鎖乳突肌。

在有關脖子活動的肌肉中，擔負著重要角色。

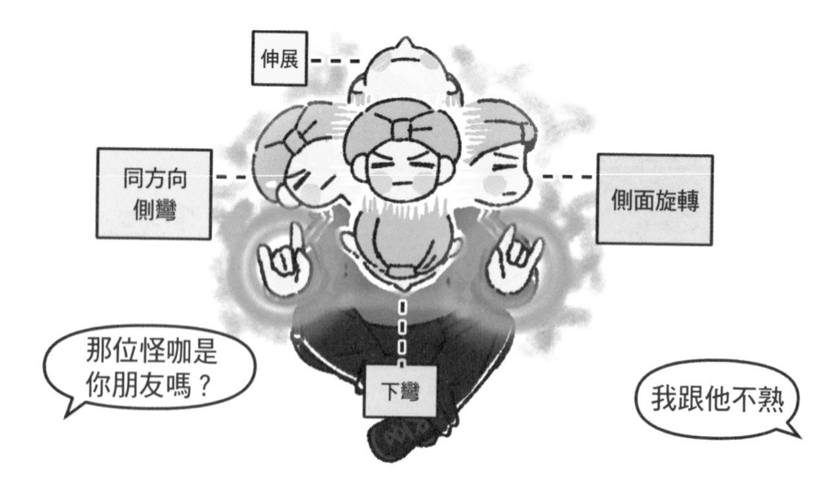

容易混淆吧？胸鎖乳突肌是從脖子後方連結到前方的。

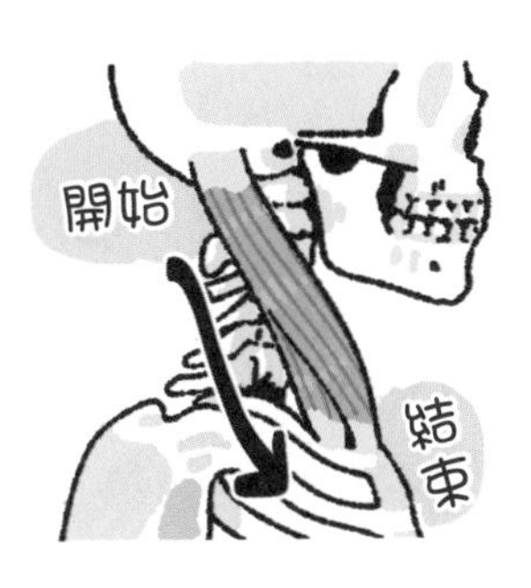


是附在骨頭旁側的結構。

如果用手觸摸的話，可以輕鬆知道原理。

用手觸摸看看

這樣靠著脖子量

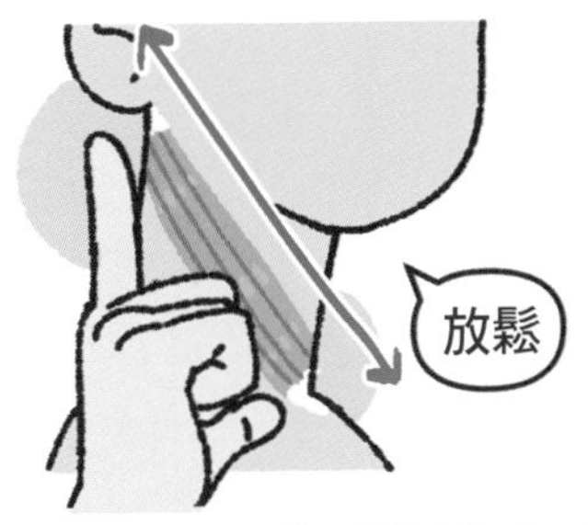


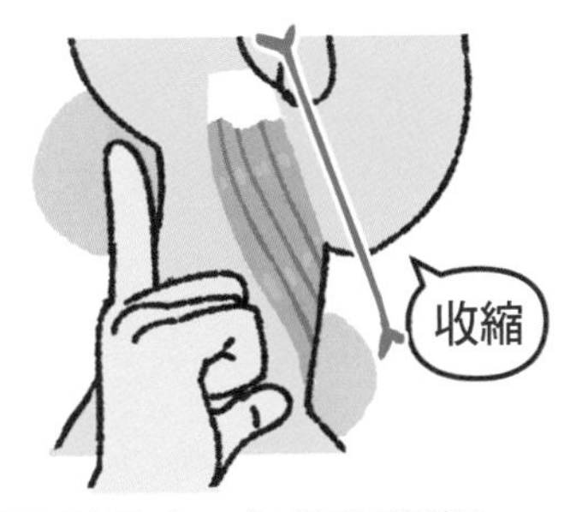


同一方向轉動時，會感受到變長；反方向轉動時，會感受到變短

既然知道位置了，順便了解一下按摩方法。

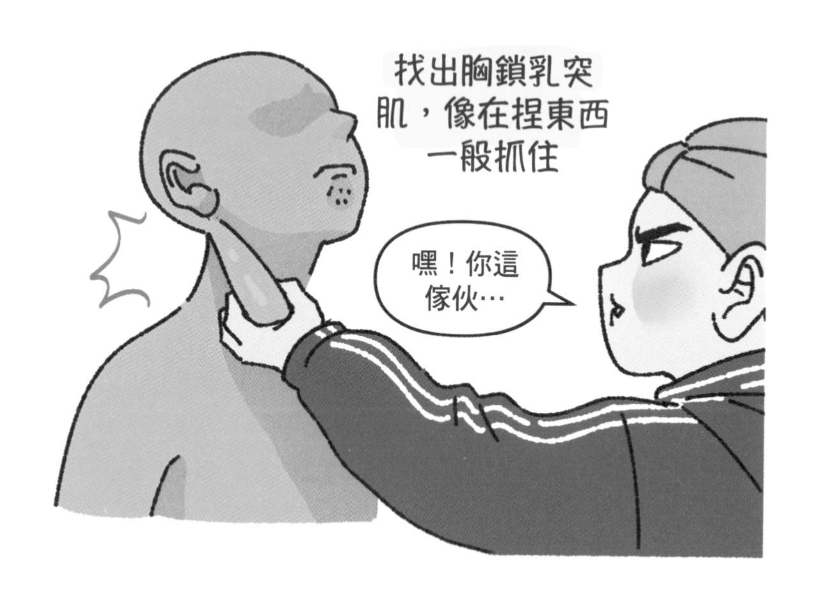


由下往上，輕輕按壓就行了。

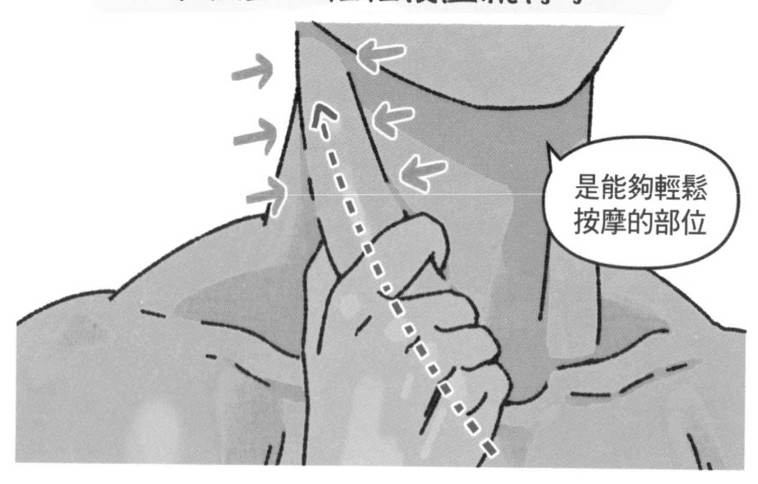

往抓住的方向旋轉頭部，

旋轉方向的另一側肌肉仍在收縮，而旋轉的那側則被放鬆，所以按摩變得更有感。

# 解剖脖子來看看

解剖漫畫劇場
你有沒有不能吃的東西呢？
嗯…

我不喝酒！因為我怕胖、怕肌肉消失！
抖抖抖
你會不會想太多？

你呢？
我嘛…

…
高鈣牛奶
真假?!

關於解剖學的小知識

# 阿特拉斯的懲罰

在希臘神話中的擎天神阿特拉斯被宙斯懲罰，在「大地的盡頭」支撐著蒼天。然而，大解剖學家維薩里將頸椎第一節C1命名為阿特拉斯，那麼C1到底受到什麼樣的懲罰呢？
首先，直接支撐大約5公斤重的頭部，與其他脊椎不同，它沒有具有軟墊般的椎間盤，沒有緩衝作用。
第二個懲罰是，被稱為C1跳板的C2頂端也沒有椎間盤，因此C1在一個上下都沒有軟墊的艱辛環境中工作。最後一個懲罰是「被孤立」，C1因為體積小，在各種肌肉的覆蓋下，是在所有頸椎骨中最難用手觸摸到的一塊，它得在艱困的環境下，持續高舉著重物（頭顱），如果是人類，應該沒多久就會投降了吧！

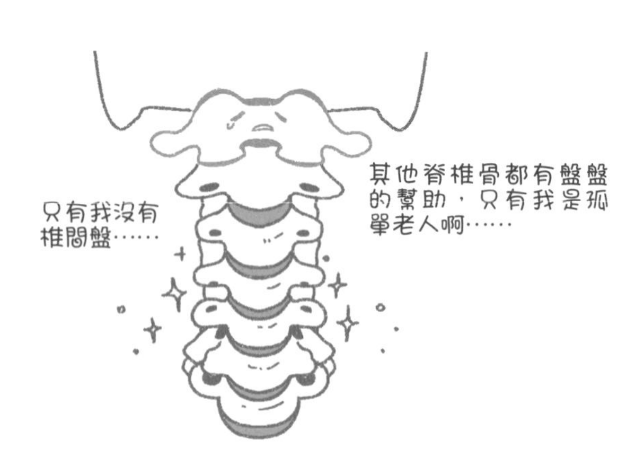

肘關節和膝蓋長得好像喔。

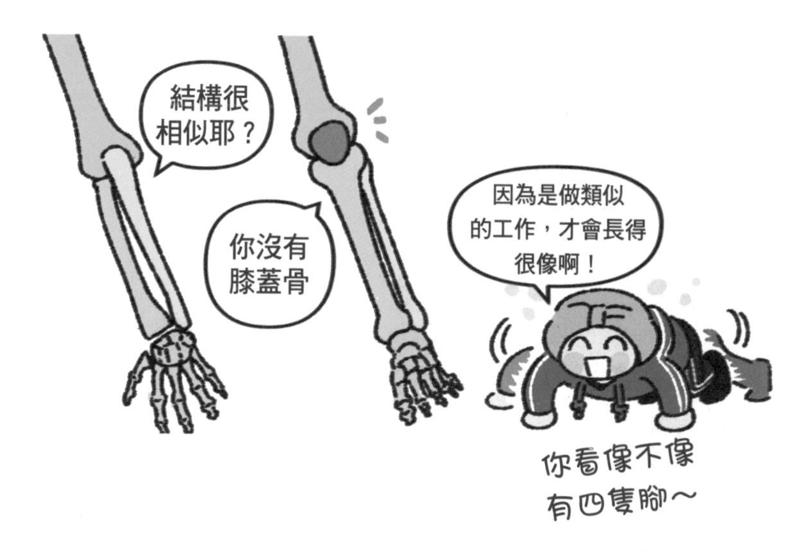


然而，因為膝蓋必須支撐雙腿走路，和手肘的主要功能不同……

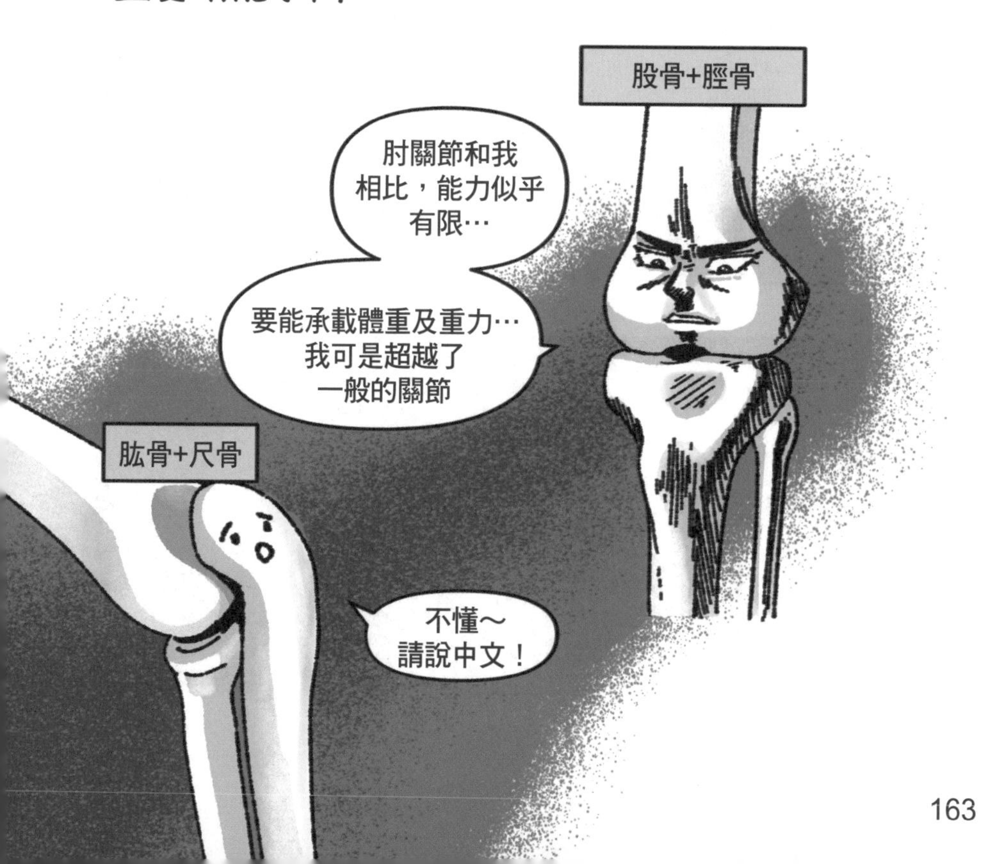

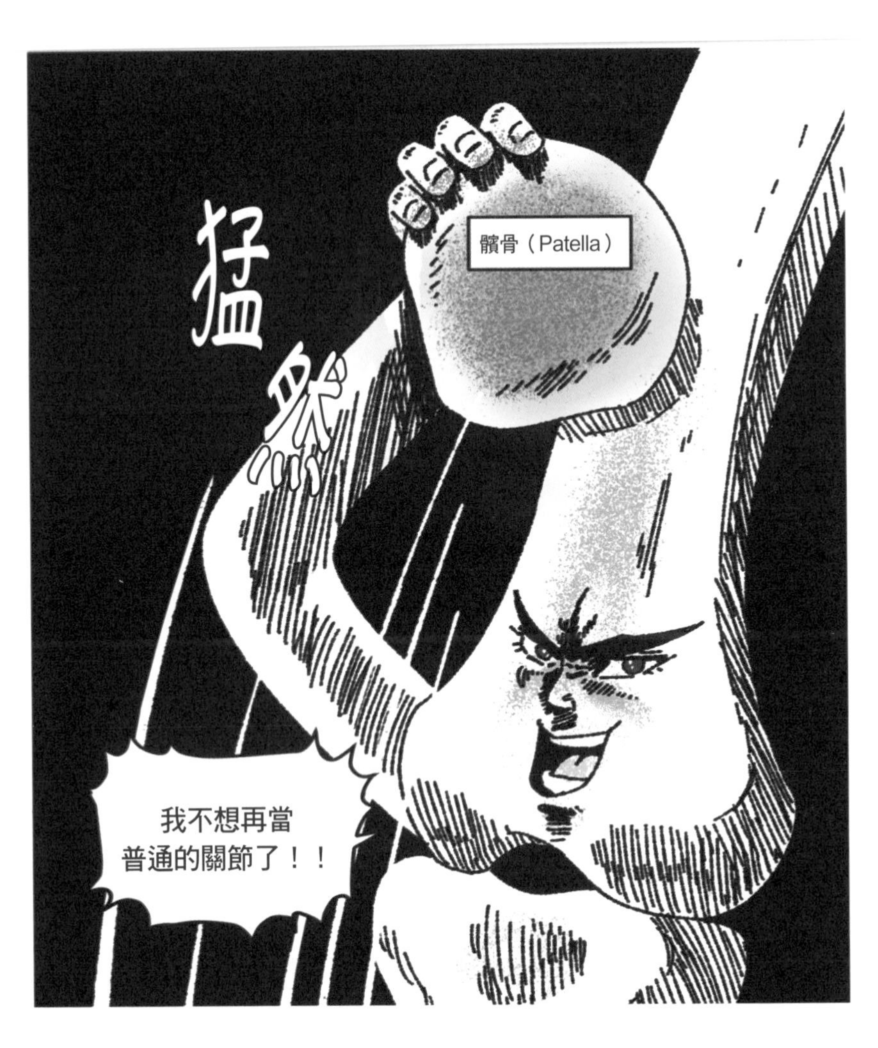
髕骨（Patella）
猛然
我不想再當
普通的關節了！！

加入髕骨！強化！
我將超越肘關節！
喝啊啊啊！！

第12回

# 奇妙的韌帶：膝蓋

《JoJo的奇妙冒險》｜荒木飛呂彥｜1987

## 「膝關節」是連結股骨、脛骨和髕骨的關節。

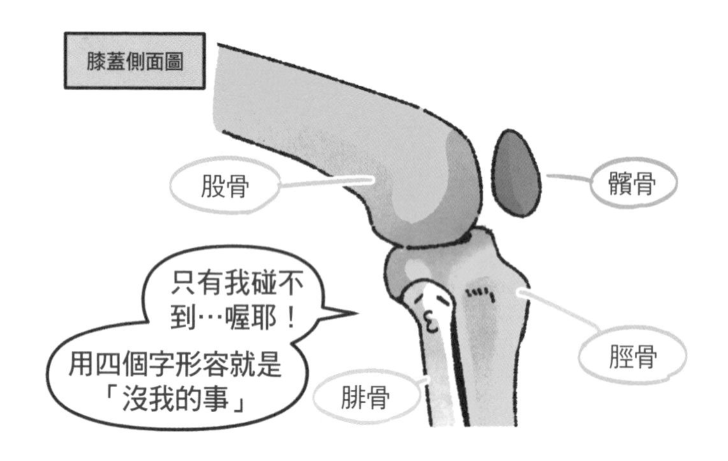


## 人類用兩條腿支撐全身的行動，所以膝蓋的負荷很大。

膝關節的「彎曲和伸展」動作，是由軟骨包覆的股骨尾端部分，在脛骨上滾動來完成的。

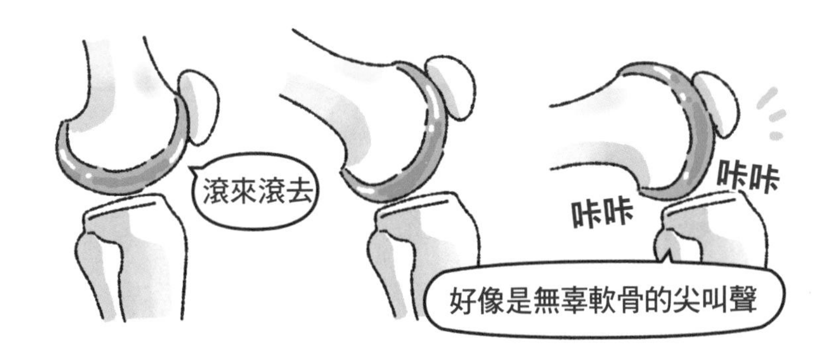


雖然軟骨外還有「墊子」（半月軟骨）可以作為緩衝，

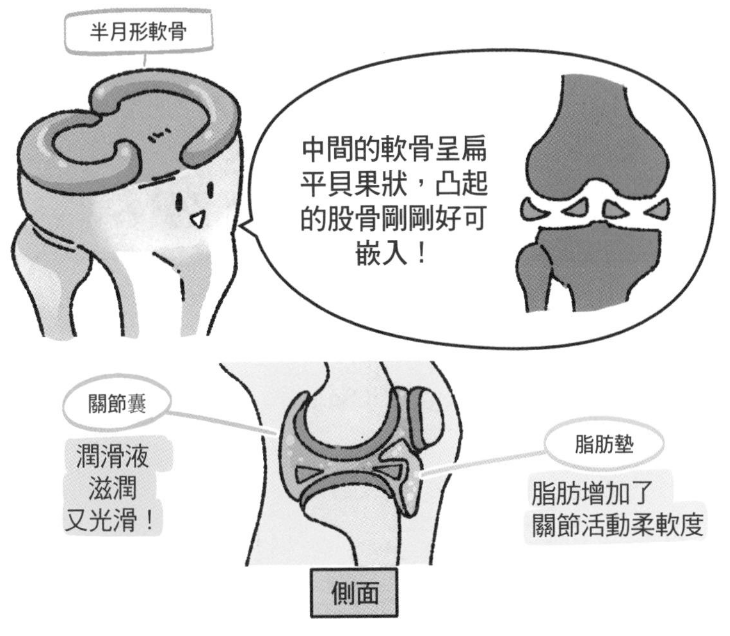


如果長時間使用，最終會導致軟骨磨損並引發退化性關節炎。

膝關節的得力助手之一——膝蓋骨（髕骨）。

有如膝蓋上多了一個盾牌，更加有力。

髕骨能降低大腿內側和小腿連結的韌帶和肌腱損傷，使膝蓋的活動更靈活。

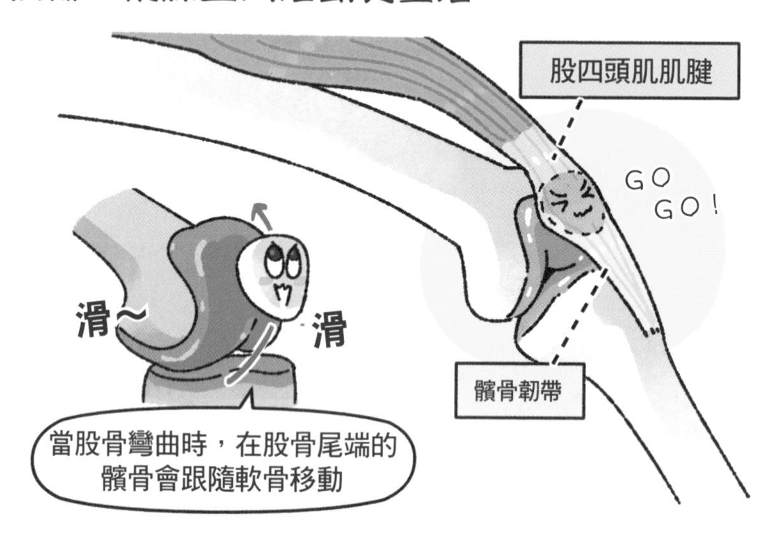


髕骨就像膝關節槓桿的支點，讓我們腿部的伸展更省力。

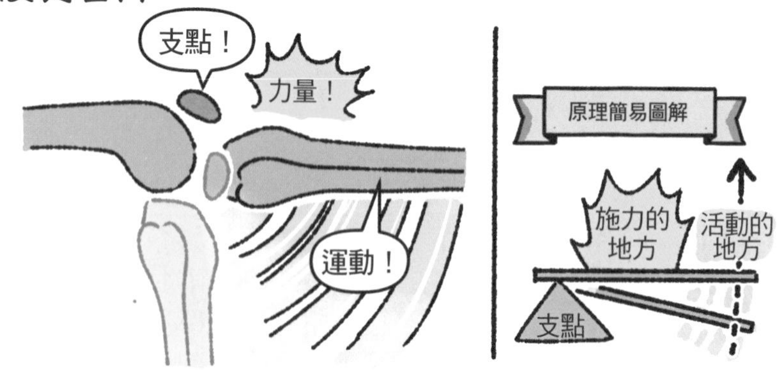

而且還有其他的「外韌帶」附著在兩側，在各自的位置上協助動作的穩定性。

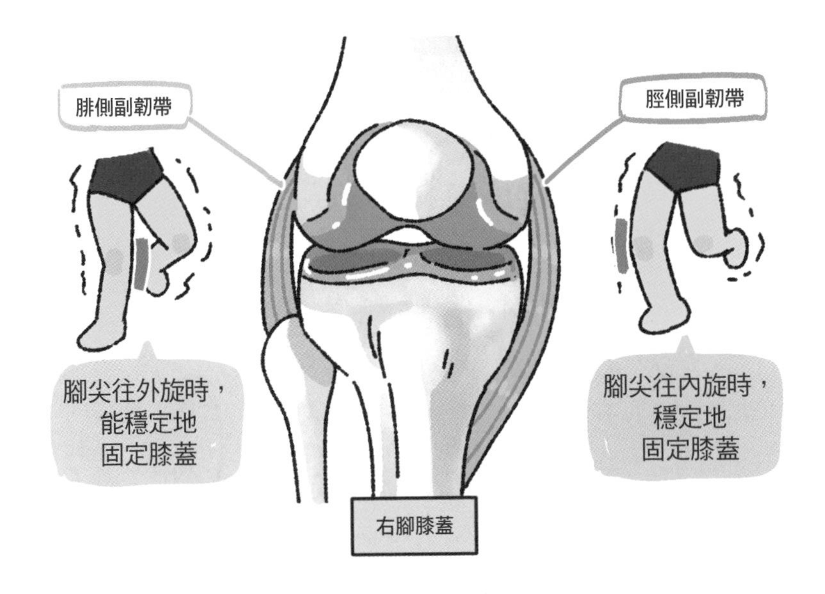


韌帶中最有名的是「十字韌帶」。

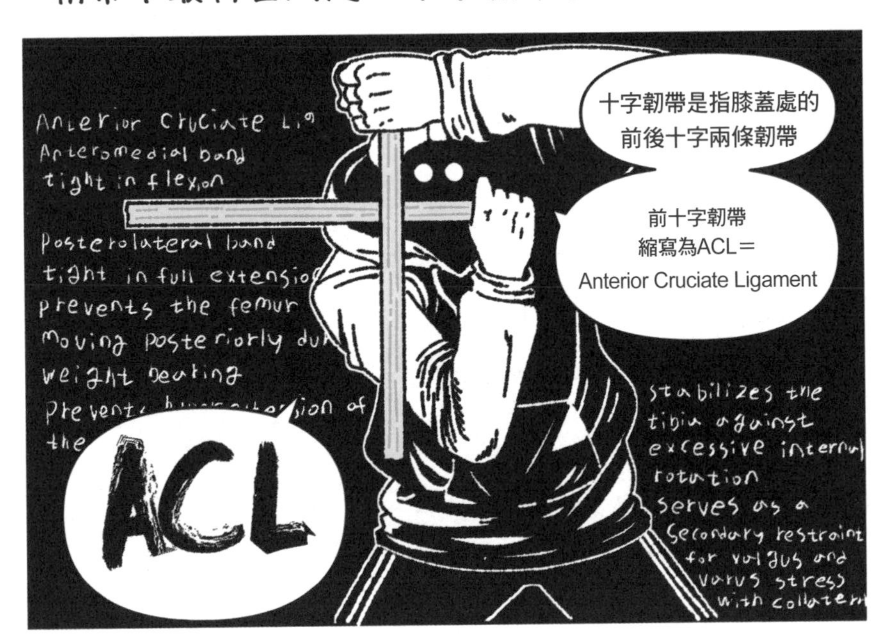

「前十字韌帶」抑制來自兩側的壓力，防止小腿骨過度向外旋轉等。

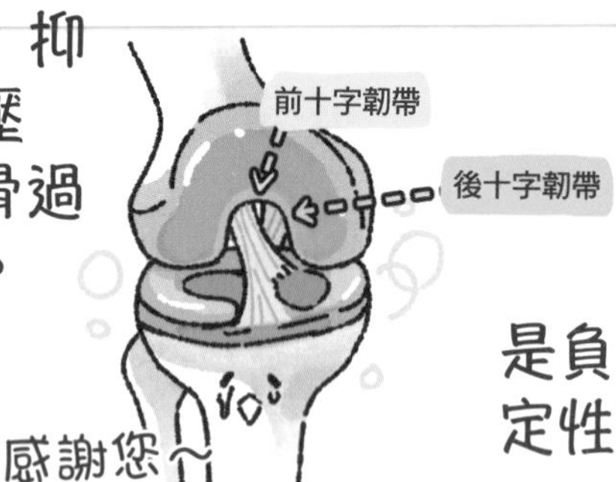


是負責膝蓋整體穩定性的重要幫手。

但也容易斷裂！

比起撞擊或受到外來的衝擊而受傷，更多的是自己活動時而使韌帶受傷的情況。

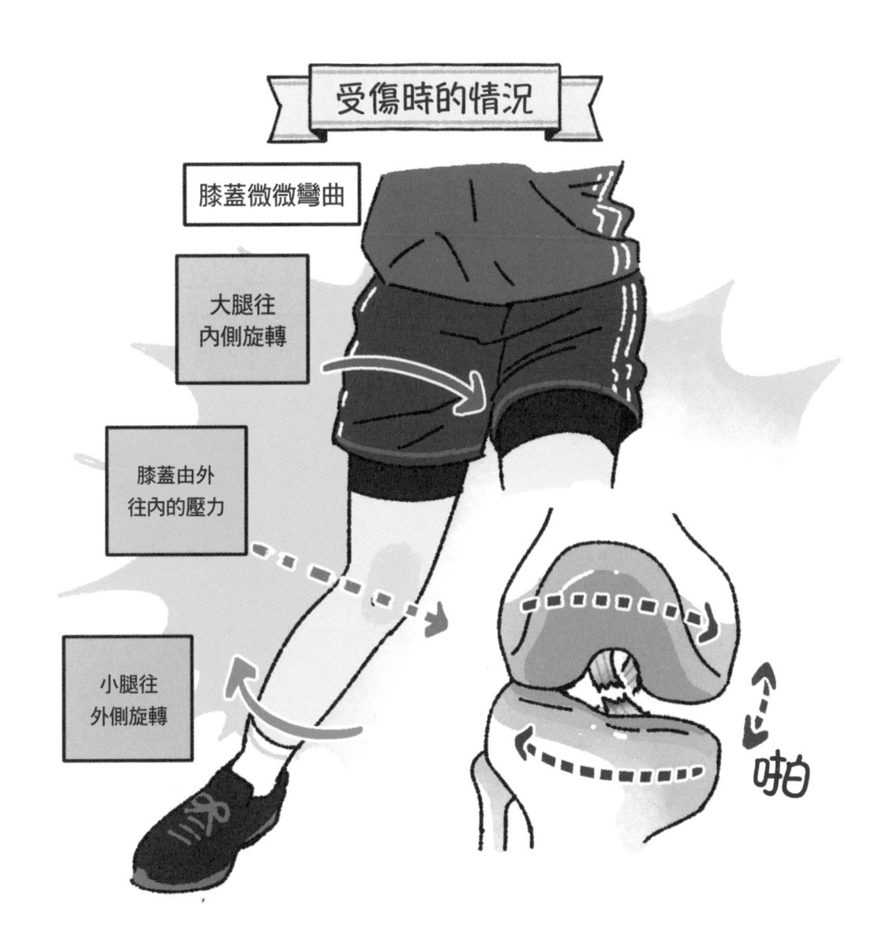


後十字韌帶也擔負重要角色，其重要性僅次於前十字韌帶，排名第二。

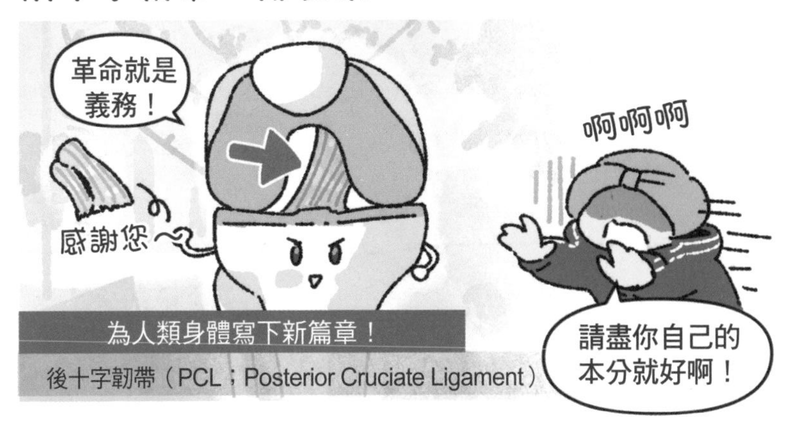

預防十字韌帶損傷的方法，就是做好充分的熱身運動後，再逐漸提高運動強度，突然地做劇烈運動對身體的任何部位都不好。

運動能培養身體的敏捷性，在儘量降低膝蓋負擔的前提下，適度鍛鍊身體也是有好處的。

適度的運動

*健身運動前，請先諮詢醫師、物理治療師或健身教練等專業人士。

在未來，人類都將可能罹患「因長期使用而導致退化的各種疾病」。

解剖漫畫劇場
要看我小時候的相片嗎？
我要看！
肥肥短短
古錐
哇～好迷你哦！好可愛（￣▽￣）～
我也帶了我的！
期待～
天哪！一定很可愛喔⋯
>///<
傻眼
肌肉組織發育時的細胞組成過程
什麼啊！

關於解剖學的小知識

## 嘿！這個你一定不知道

其實，1公斤人類頭骨裡面，
就含有約100克的鈣質喔！
#奇怪的知識增加了 #骨骼冷知識 #非業配

經常有人說骨盆的外觀長得像蝴蝶。

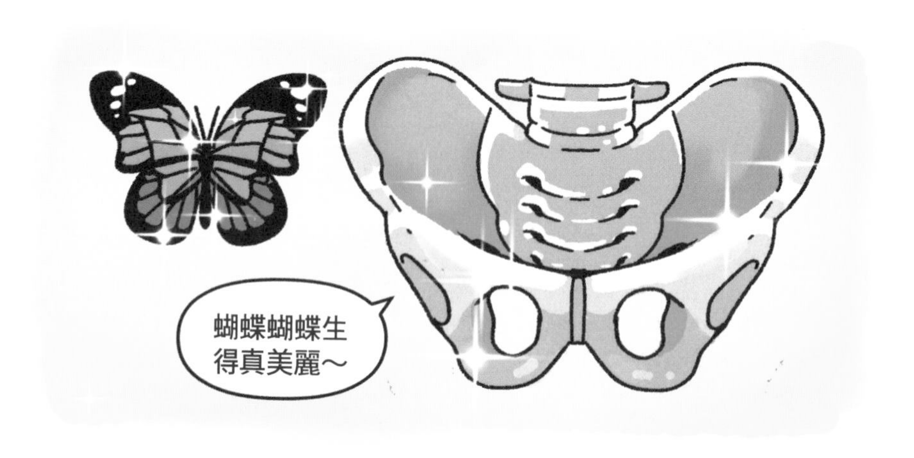


然而，實際上外觀和鍋子也很像。

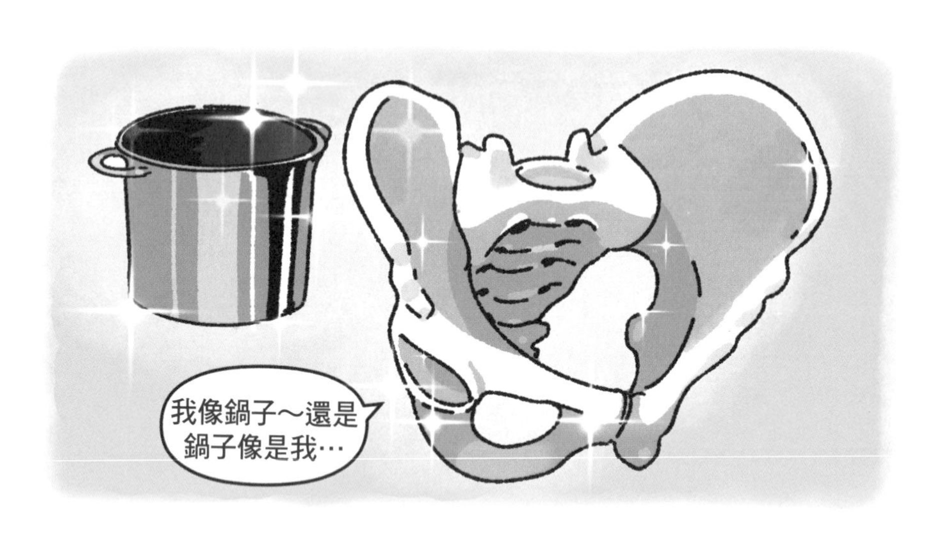

第13回

# 探究臀部：骨盆

## 臀部肌肉的健忘症事件

《屁屁偵探》｜Troll｜2016

骨盆看起來像是完美無缺的骨頭。

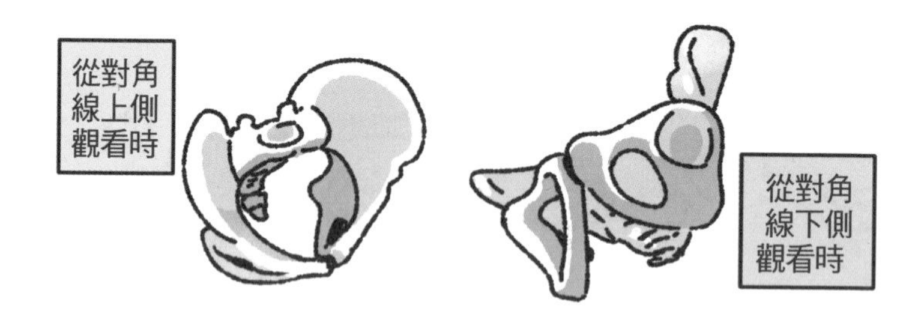


若以股骨嵌入的關節區中心為起點，將骨盆兩側的髖骨分成三區一

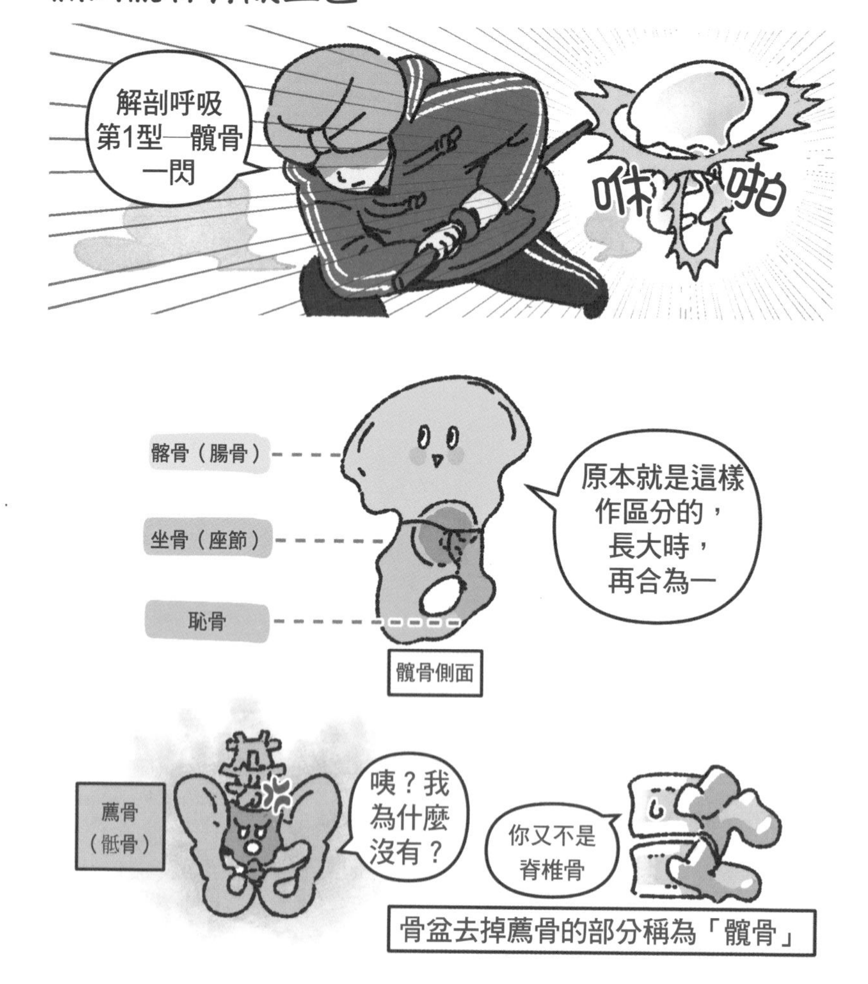

位於骨盆各種肌肉前側的髂腰肌十分有名。

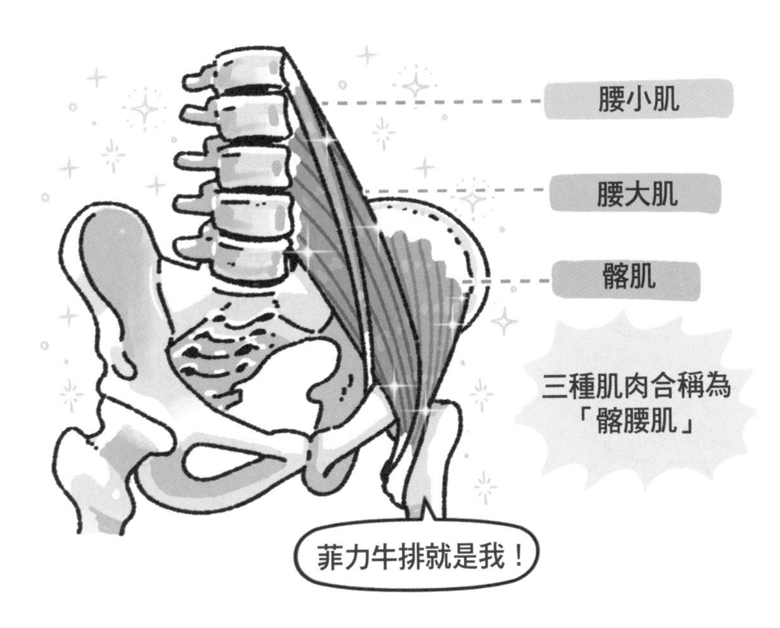


髂腰肌平常就是負責使臀部彎曲的工作。

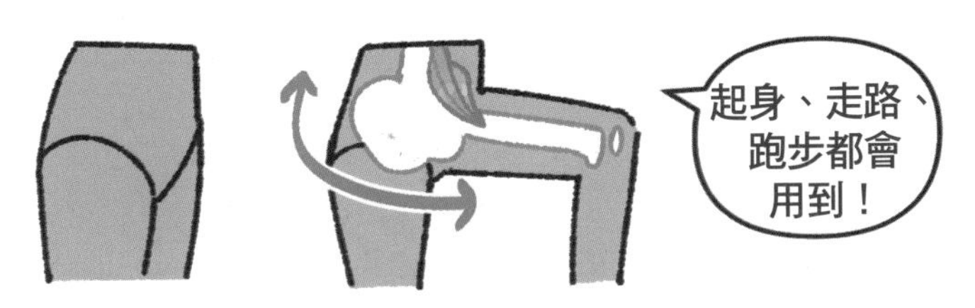


在身體失去平衡的狀態下，如果髂腰肌過度緊繃，可能會造成下背部疼痛。因此，運動員或腰部不適的人，對於髂腰肌並不陌生。

此外，必須認識一下位於骨盆後方的「梨狀肌」，它可以說是臀部肌肉中的反派角色。

如果梨狀肌腫脹的話，就會壓迫到相鄰的坐骨神經，造成臀部和腿部發麻的坐骨神經痛，這個病症稱為「梨狀肌症候群」。

事實上，導致坐骨神經痛的原因並不完全是因為梨狀肌，都怪罪梨狀肌的話它會很冤枉。

例如，在梨狀肌和坐骨神經附近，也有一些相同功能的肌肉，也有可能是它們引起的腫脹。

另外，也有可能是因為骨盆關節不穩定，因此，除了梨狀肌之外，也不能排除其他部位的可能性。

骨盆肌肉中的真正反派，其實是臀部肌肉。

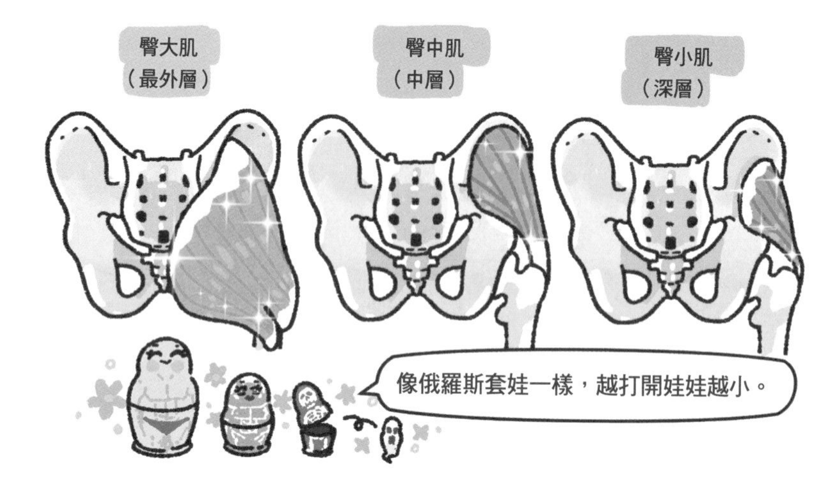


「臀大肌」是最外層的大肌肉，用於跑步、跳躍、坐下、站起、爬樓梯等等。

「臀中肌」和「臀小肌」貼在後側和旁側，腿張開的動作時使用。

這些肌肉最近都喪失記憶了……

因為現代人的生活環境太過便利，大大降低了肌肉的使用頻率。

身體若感到不平衡的時候，會使用其他肌肉來代替臀部肌肉。

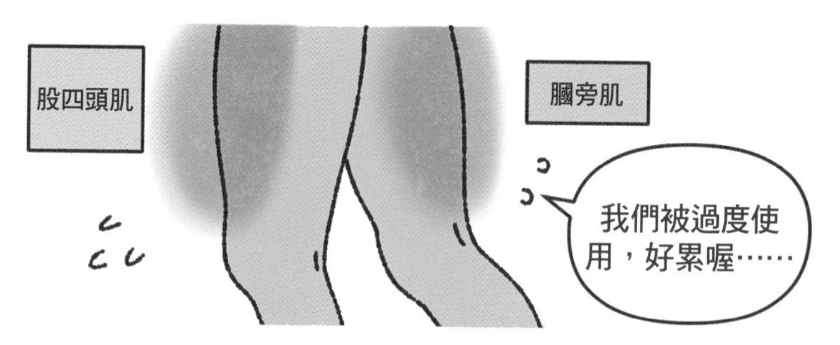


於是臀肌漸漸忘記了自己的「功能」。

又稱「臀肌失憶症（Gluteal amnesia）」

不論是輕鬆地慢跑，或是找教練來鍛鍊，請試著動起來吧！

# 解剖骨盆來看看

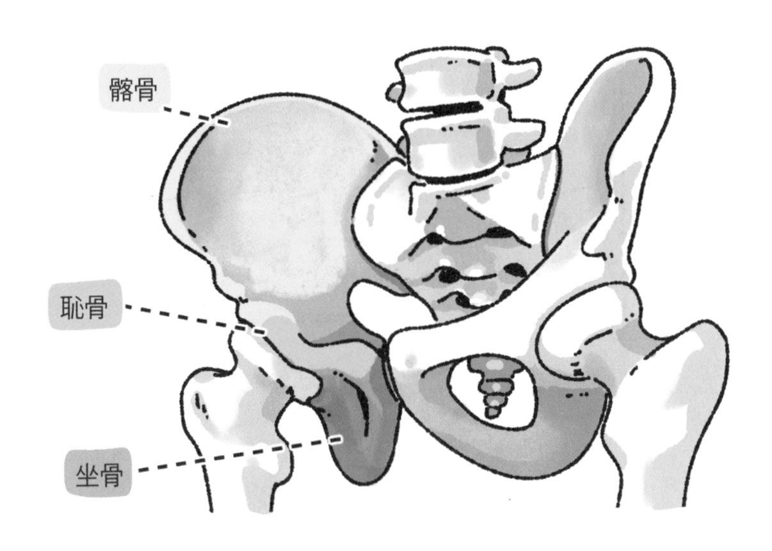


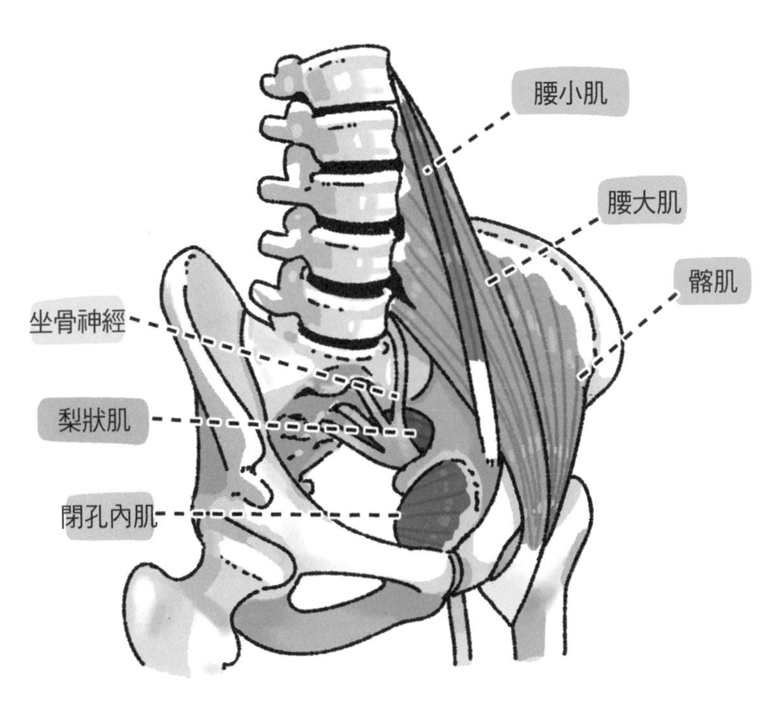

# 解剖漫畫劇場

山神！我的骨頭
掉在這裡了
這是你的嗎？
不是這個啦！

那麼…
這是你
的嗎？
冒出
是的！沒錯！

我是你的…？
羞
呵

沒想到～有
人告白這麼
直白的
羞
（山神給的稻穗）
…
你還要再裝
一碗嗎？！
別腦補太多，好好過生活吧！

關於解剖學的小知識

## 神秘的骨盆傾斜

從側面看，骨盆頂端向前傾斜稱為「骨盆前傾（Anterior Pelvic Tilts）」，向後傾斜稱為「骨盆後傾（Posterior Pelvic Tilt）」。因為在運動相關領域中經常會提到它，相信你也曾經聽過。骨盆的傾斜不僅會影響到骨盆上方的腰部，甚至還會影響到整個脊柱。影響骨盆角度的因素非常多，有時「看起來像是向前傾斜或向後傾斜，但事實並非如此」。因此，與其自己評估、自己調整動作，不如直接尋求專家的建議後再做調整，會更為安全及正確。

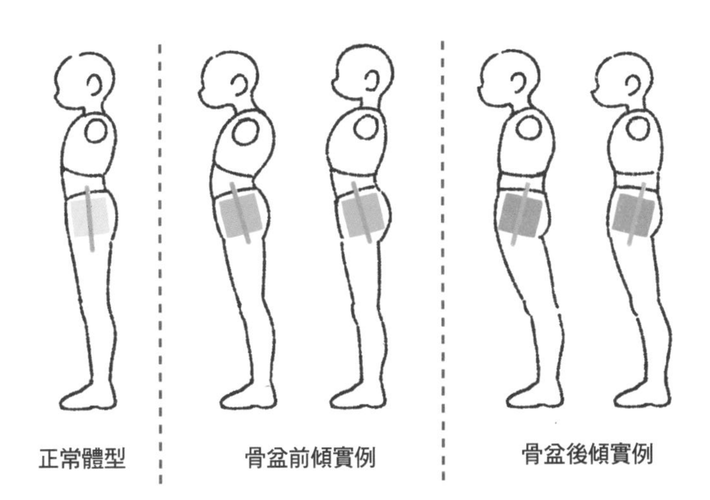

正常體型　骨盆前傾實例　骨盆後傾實例

以上只是代表性的幾種型態，隨著每個人的動作和習慣不同，也存在更多種複雜的骨盆傾斜情況。

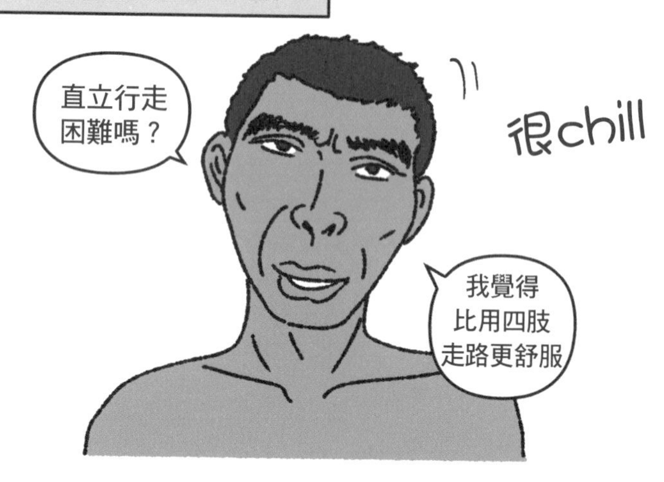

以下是某天人類覺悟後，
開始挺直脊椎走路的故事⋯

第14回

# 直立行走的巨人：進擊的背部

《進擊的巨人》｜諫山創｜2009

在電視劇裡，經常看到當人的後頸被攻擊時，整個人就會攤軟掉。

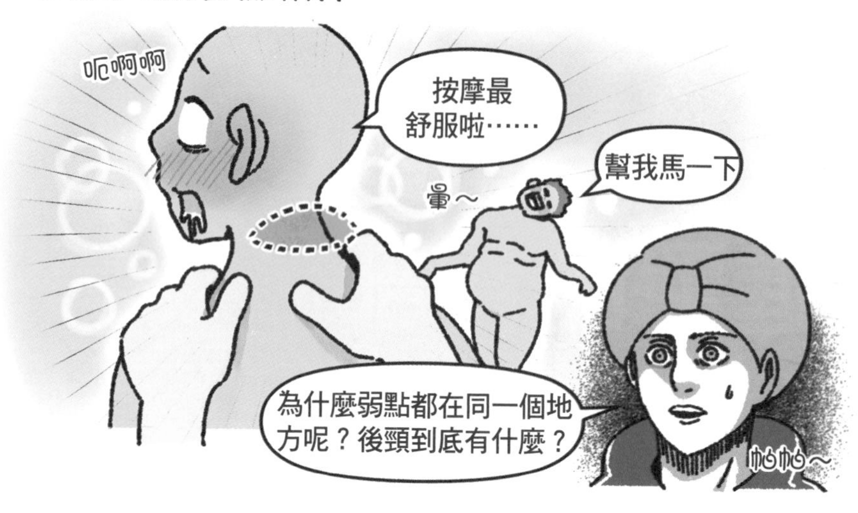


這裡是「斜方肌」，是包括後頸和肩膀在內，相當大塊的「背部肌肉」。

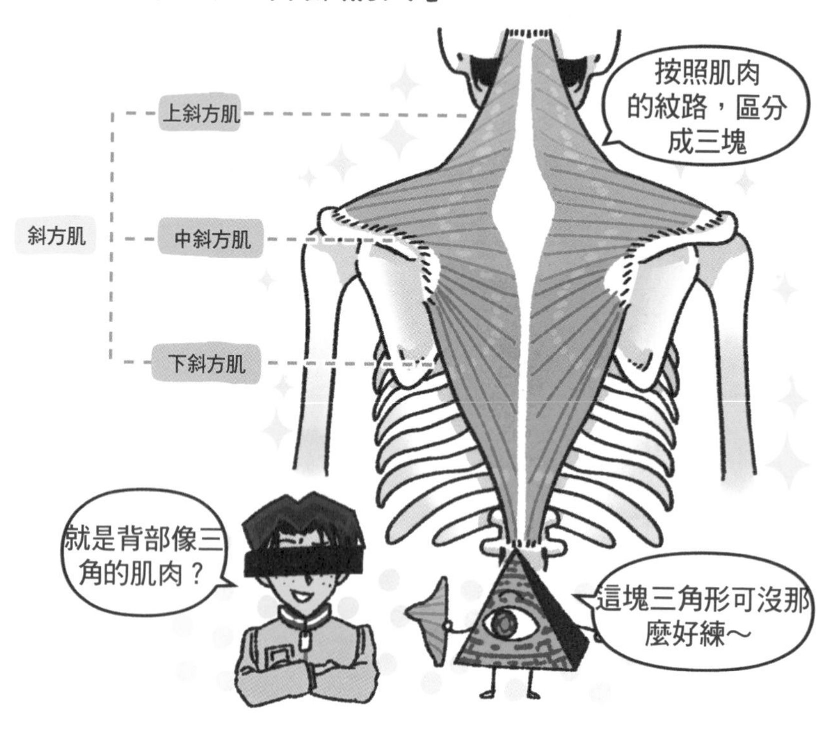

斜方肌具有穩定肩關節的作用，建議做這幾種強化中、下斜方肌的運動。

和下斜方肌相鄰的，則是寬闊的「背闊肌」。

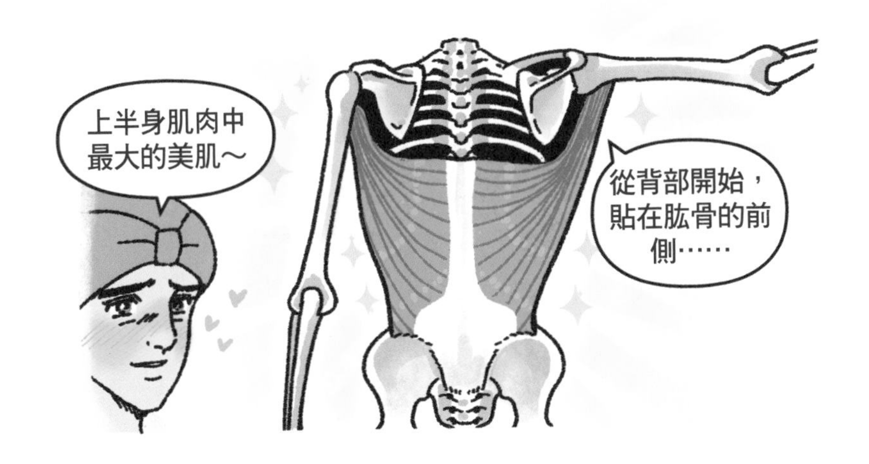


如果訓練得好，就可以使背部變寬，也能使上身力量增強，能好好地固定軀幹。所以，是健身狂、健美者等最愛練的肌肉。

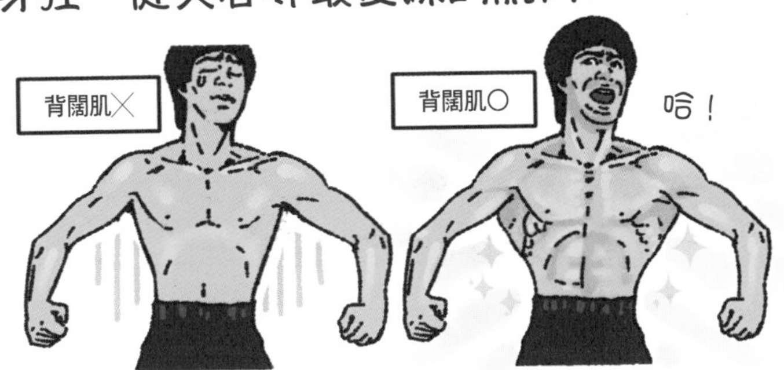


（聊到背闊肌，一定會提到哥）

從外表上來看，斜方肌和背闊肌，就是背部的全部。

只要剝掉一層皮，就可以看到各種肌肉的樣子。

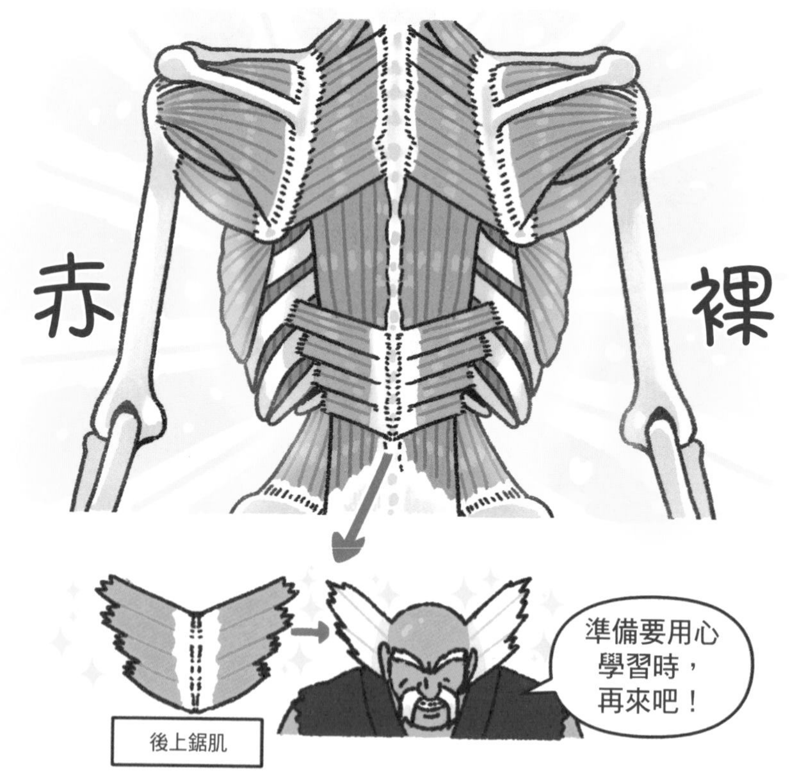


即便是不起眼的肌肉　也不能大意的背肌世界

從剖面圖上，可看到脊椎之間填充的肌肉。

這就是「橫棘肌群」，負責脊椎的旋轉和細微的調整。

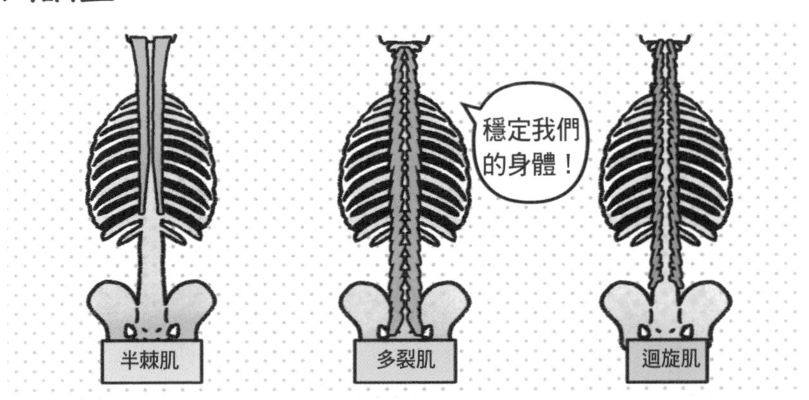

超美的！

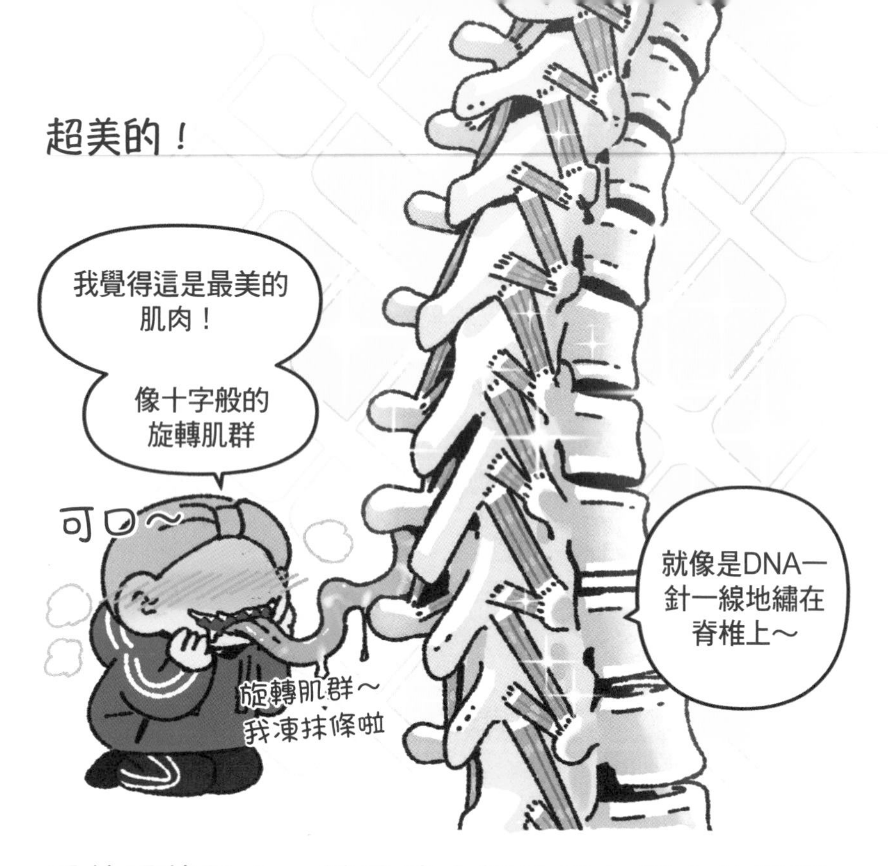


更外層的肌肉，就是使人類能直立行走的好朋友「豎脊肌」。

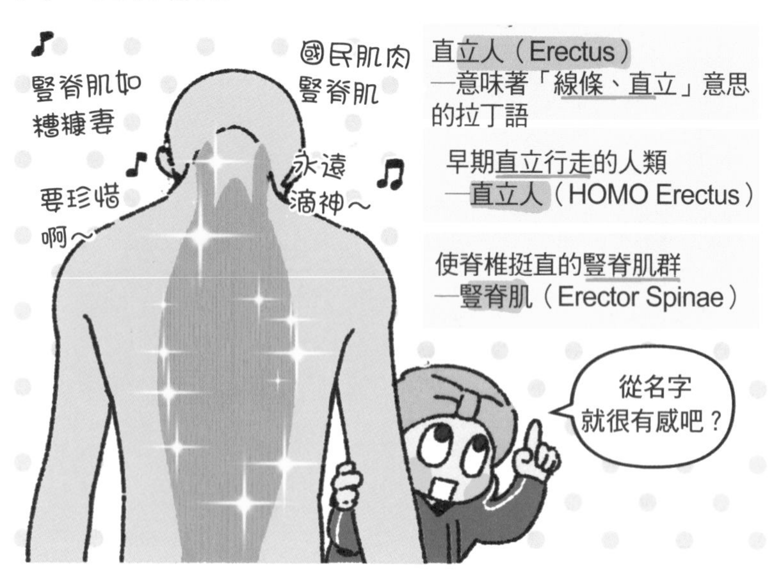

人類直立行走後，也能做出更大範圍的動作。

為了安全地支撐脊椎、維持姿勢，豎脊肌因而更發達。

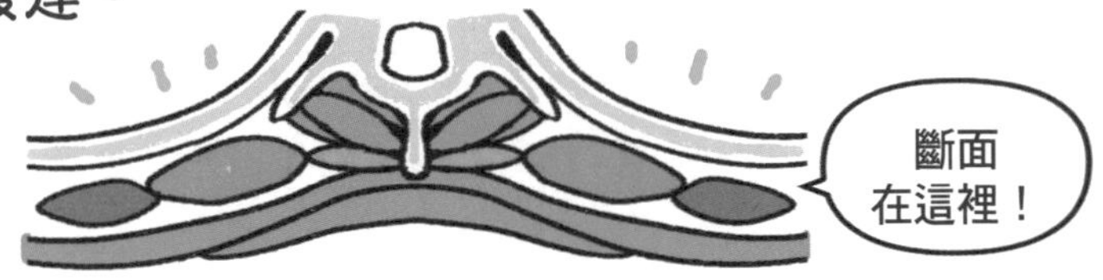


「豎脊肌」不是指一種肌肉，而是以下三種肌肉的統稱，所以正確名稱應該是「豎脊肌群」。

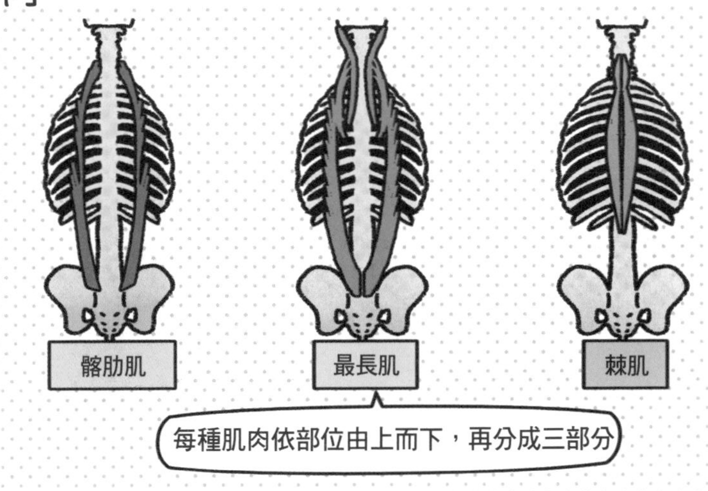

他們細緻地附著在自脖子到腰部的骨頭上，支撐著脊椎，使我們得以伸展背部。

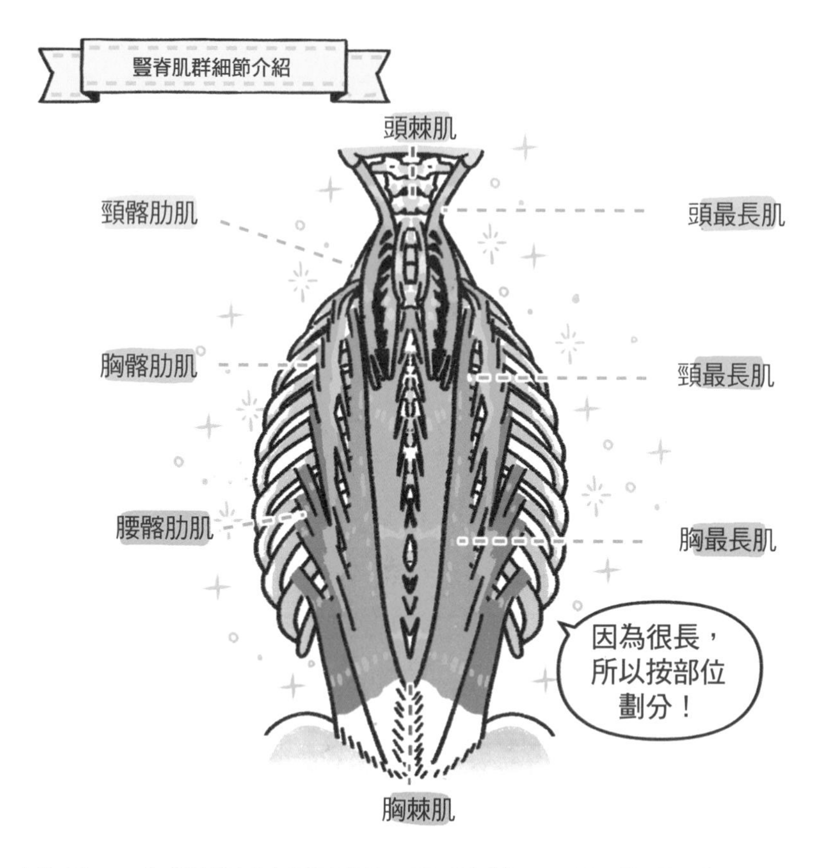


然而，人類對於豎脊肌最長的一段「最長肌」，做了一件很可惡的事！

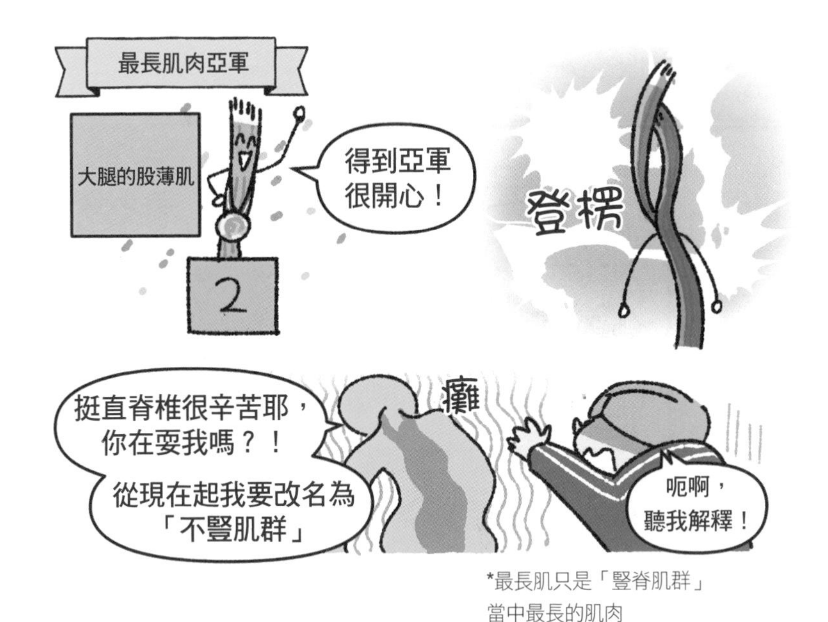


*最長肌只是「豎脊肌群」
當中最長的肌肉

好好鍛練能打造帥氣背部的斜方肌和背闊肌，
才能讓更深層的豎脊肌群更穩定的支撐我們的
身體！懷着感恩的心做豎脊肌群運動吧！

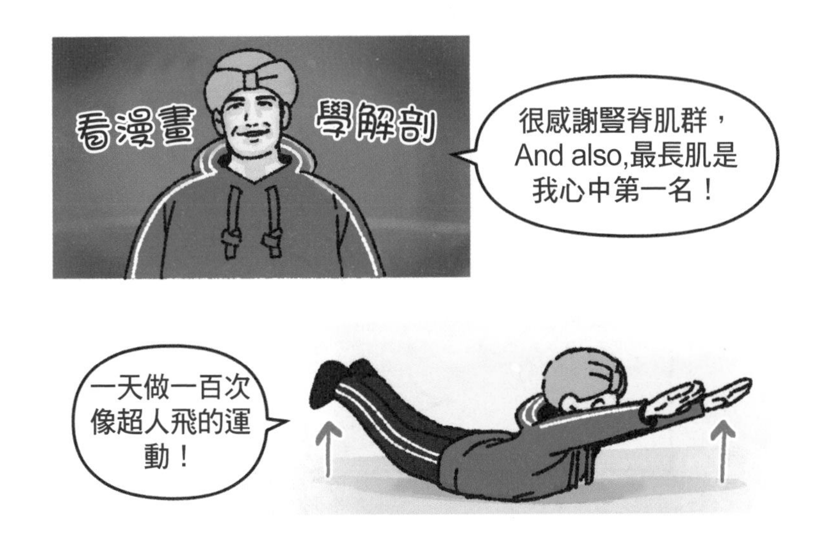

# 解剖漫畫劇場

認識頭骨中
鬼鬼你的頭原來是這樣啊！
這是上頜骨
這是下頜骨

這是下頜斜線
這是下頜支
頦孔
下頜角

下巴線條真…
性感…

看不下去啦>///<
唔！！
不要亂想像啦～
*請用認真的態度了解「下頜骨」！

關於解剖學的小知識

## 神經女王的背闊肌

一般來說，提到背闊肌，有個代表性動作是——

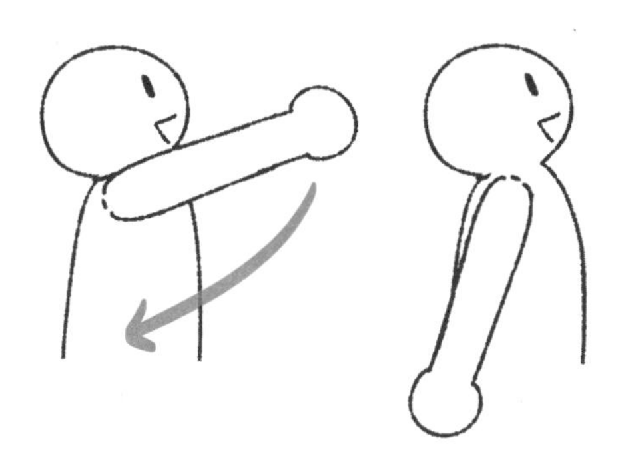

但是，神經女王的背闊肌非常發達，就變成……

希臘神話《奧德賽》中的「瑙西卡」公主，為奧德修斯提供了各種幫助，甚至給他一艘「船」，使他能夠穿越海洋，但彼此卻沒有進一步發展。

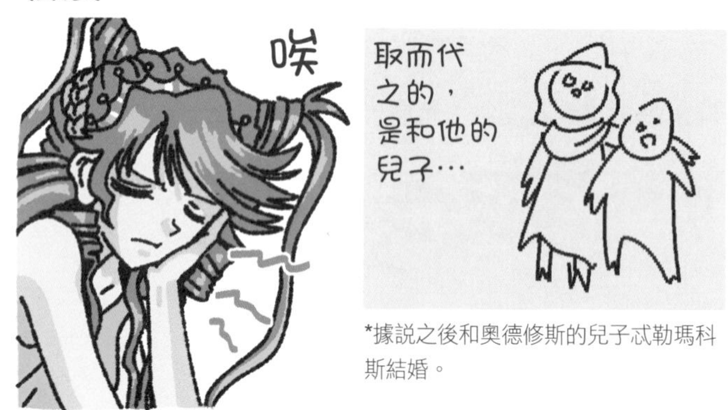


*據說之後和奧德修斯的兒子忒勒瑪科斯結婚。

瑙西卡（Ναυσικἀα）這個字，是從希臘語中具有「船」意義的（ναῦς）衍生的。

在我們身上，也有著「船」，它讓我們能前往想去的地方。

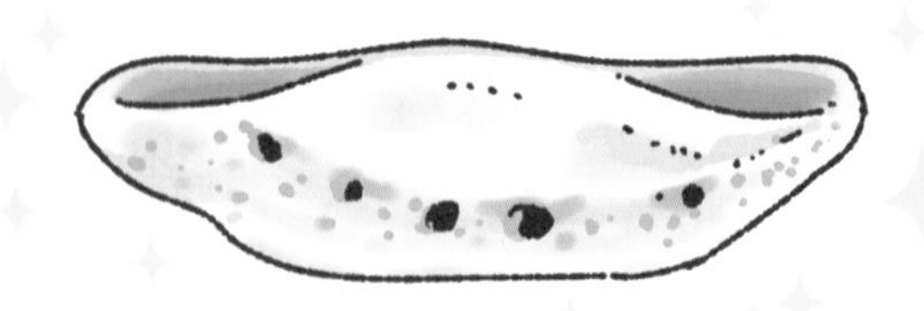

但我們也像奧德修斯一樣，不懂得感恩幫助我們的「身體之船」……

第15回

# 瑙西卡公主：腳之骨

《風之谷》｜宮崎駿｜吉卜力工作室｜1984

腳和手的構造很相似，但隨著用途的不同，也具有相反的特徵。

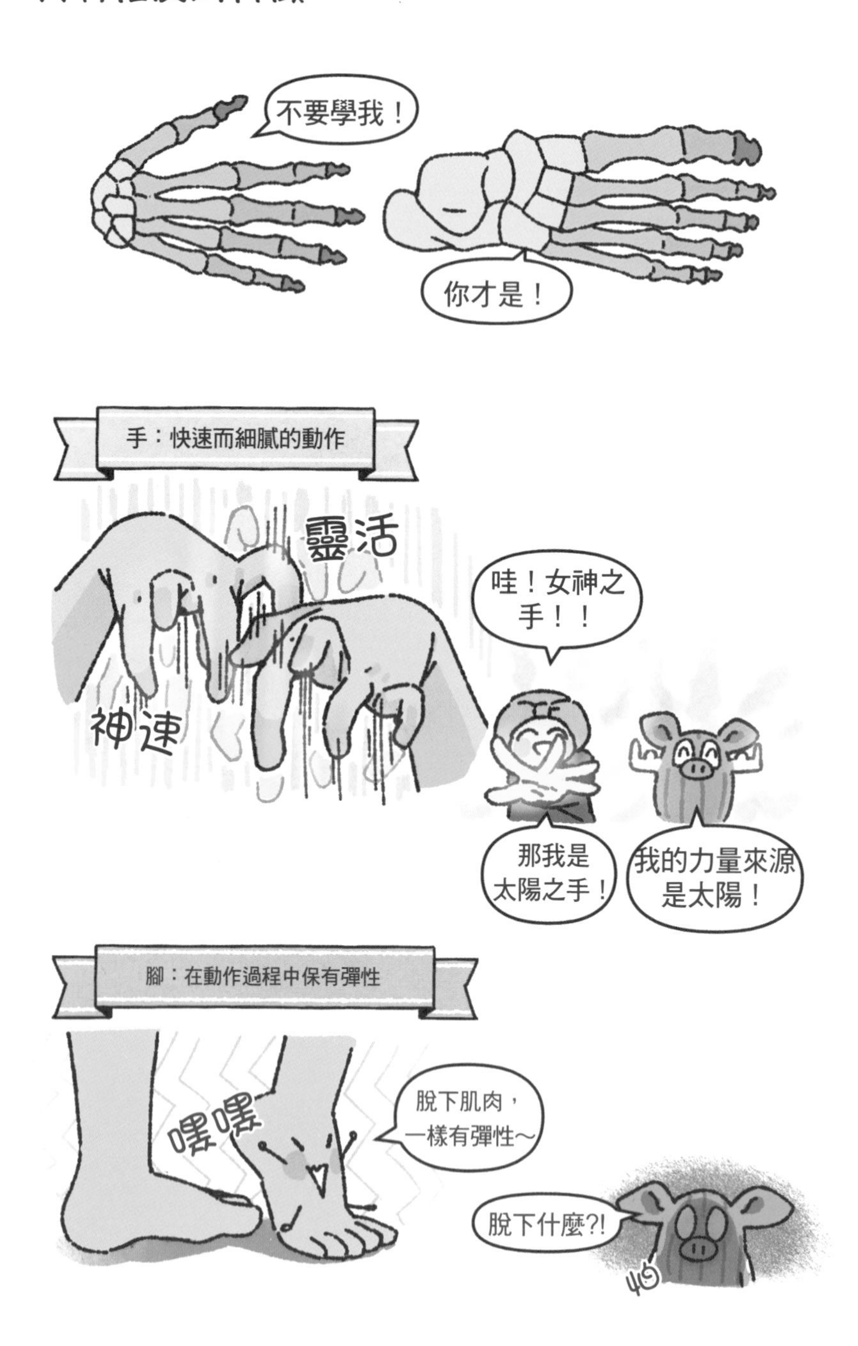

## 腳底能富有「彈性」的關鍵是「足弓」。

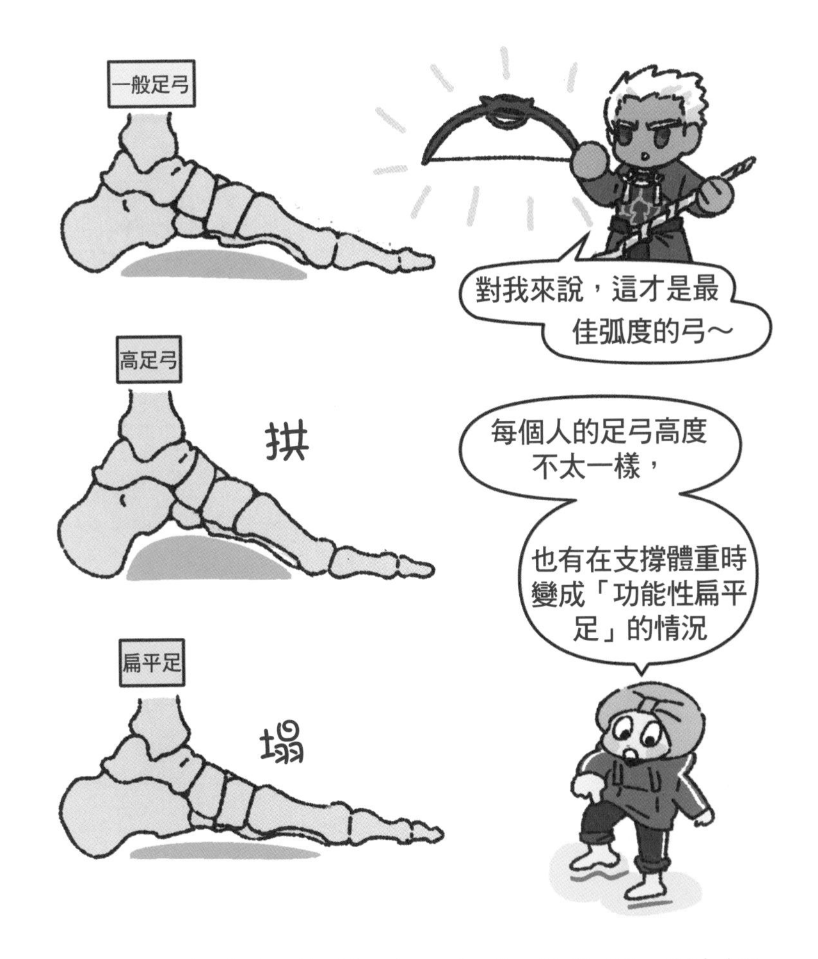


## 足弓支撐著我們的體重，吸收來自地面的衝擊，以保護神經、血管和肌肉。

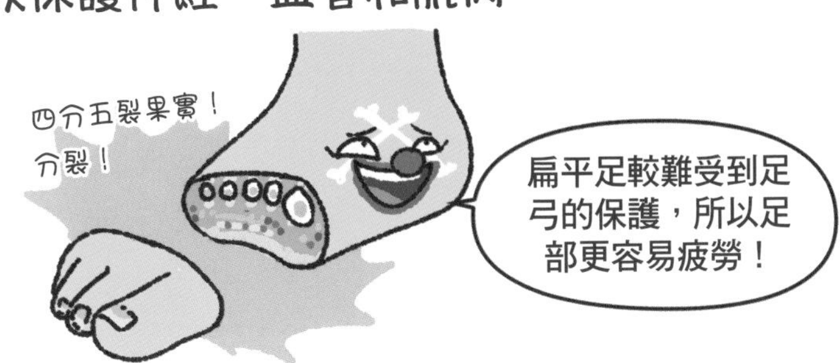

## 足弓的結構可分類為4部分。

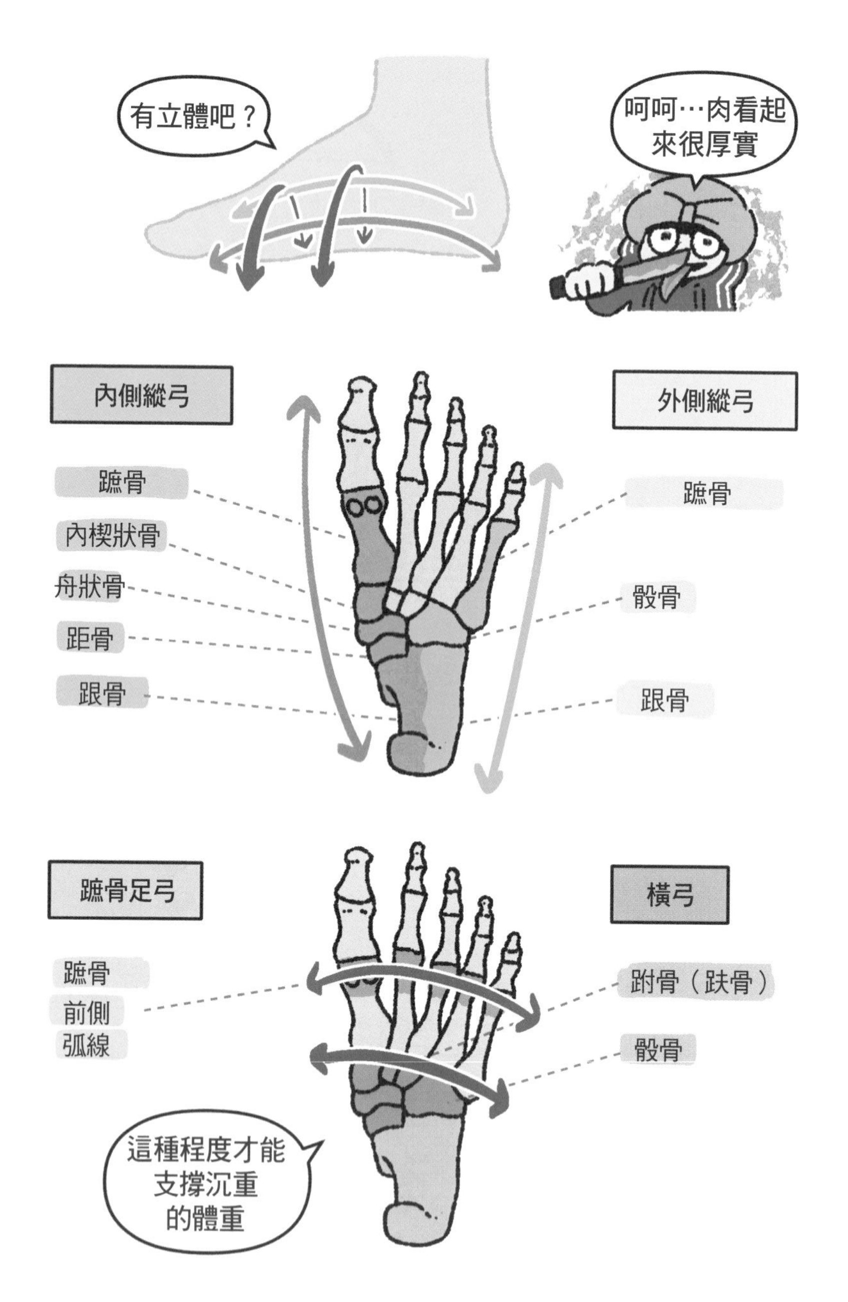


*一般主要談論蹠骨足弓以外的其他三種足弓

位於足弓最高位置的骨頭「舟狀骨」，就像是我們腳的小船。

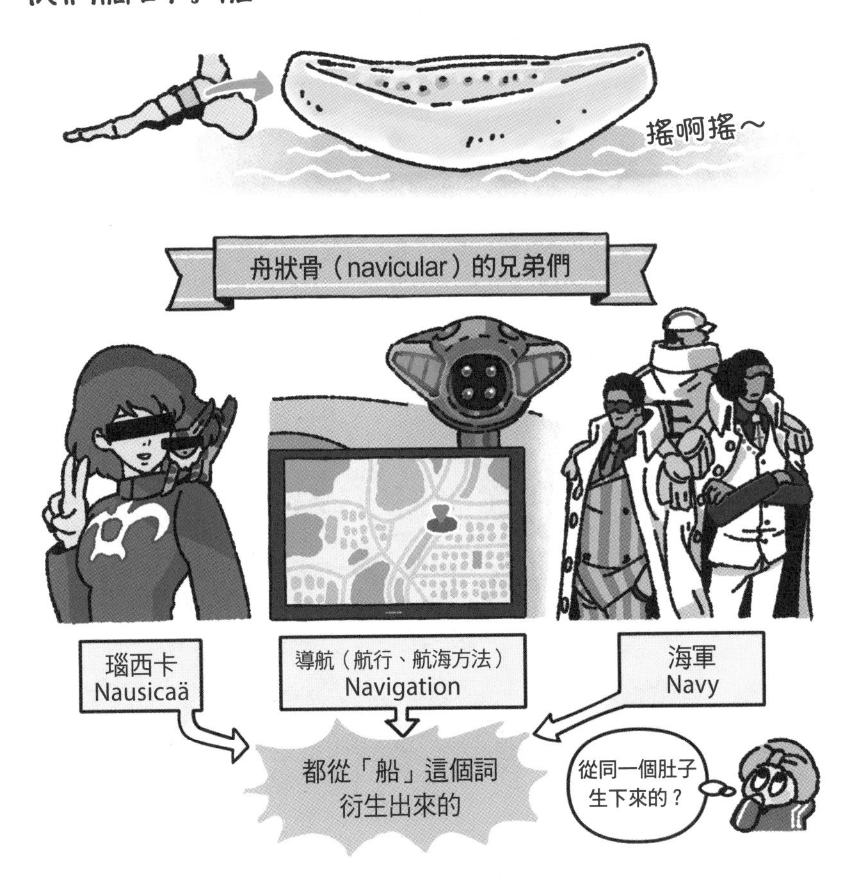


舟狀骨是位在足弓較上側，所以適合作為評估足弓狀態的標準。

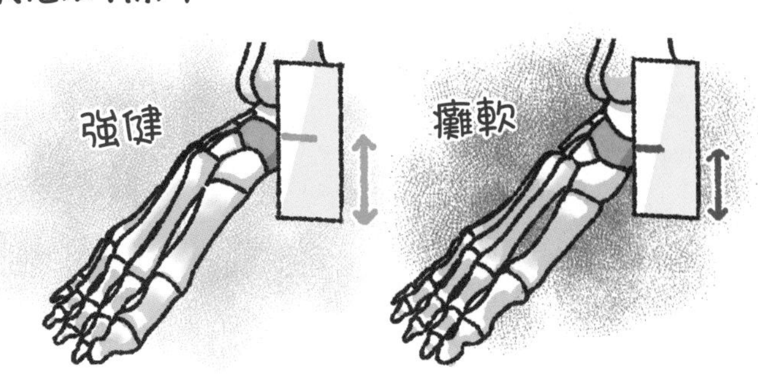

而且舟狀骨會接觸到跟骨以外的所有後跟骨，

所以當抬起後腳跟時，舟狀骨必須同時承受上下的壓力。

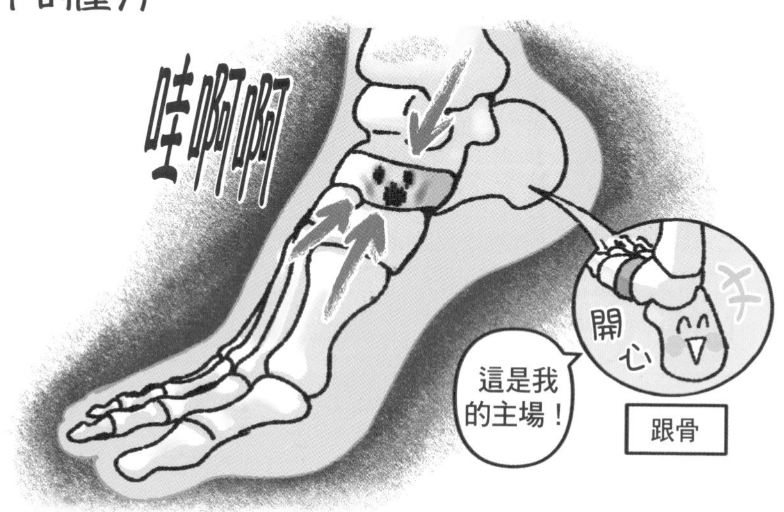


當舟狀骨反覆感到有壓力時，
累積的傷害也會導致疲勞性骨質失常。

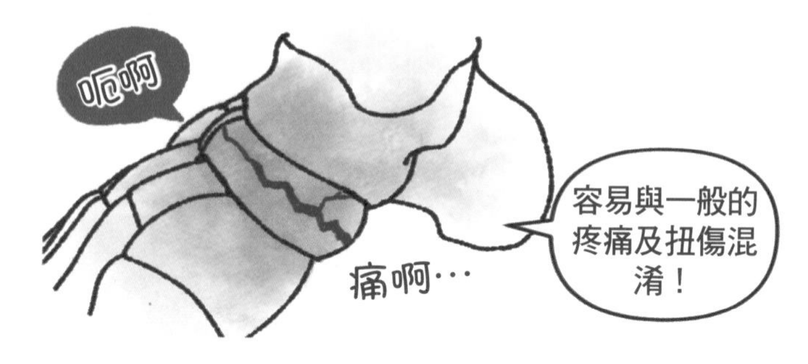

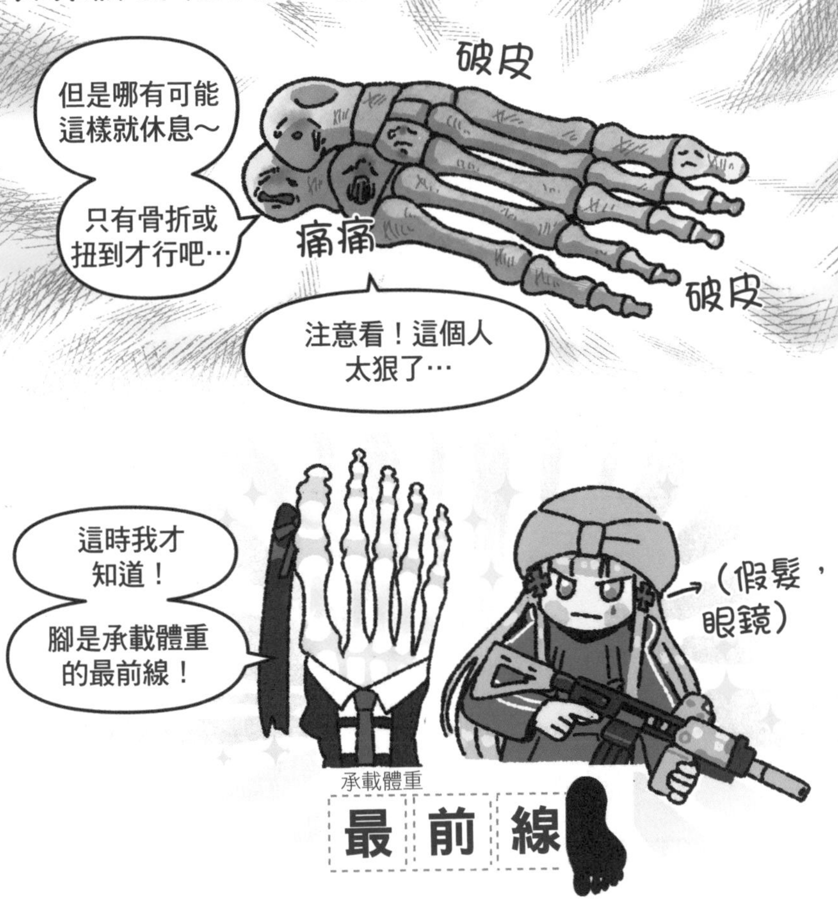
如果腳出現疼痛症狀時，最好先充分地休息…
破皮
但是哪有可能
這樣就休息～
只有骨折或
扭到才行吧…
痛痛
破皮
注意看！這個人
太狠了…
這時我才
知道！
腳是承載體重
的最前線！
（假髮，
眼鏡）
承載體重
最前線

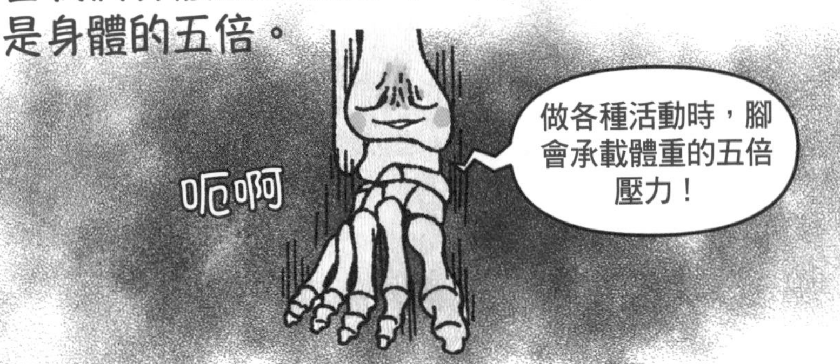
當我們身體感到疲倦時，其實腳的疲倦感至少
是身體的五倍。
做各種活動時，腳
會承載體重的五倍
壓力！
呃啊

偶爾用足浴和按摩來照顧你的腳吧。

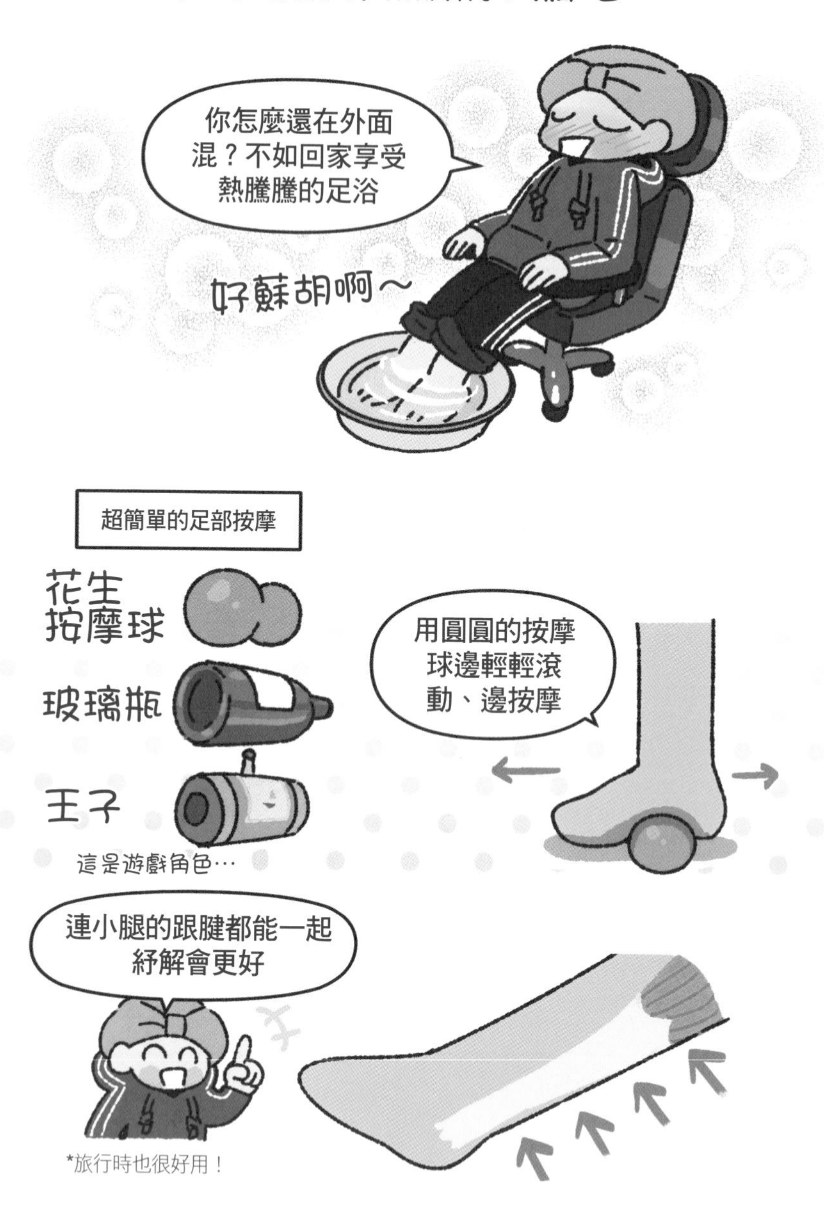


讓我們好好的保護我們的腳，
未來才能順利地與「小船」一
起航行。

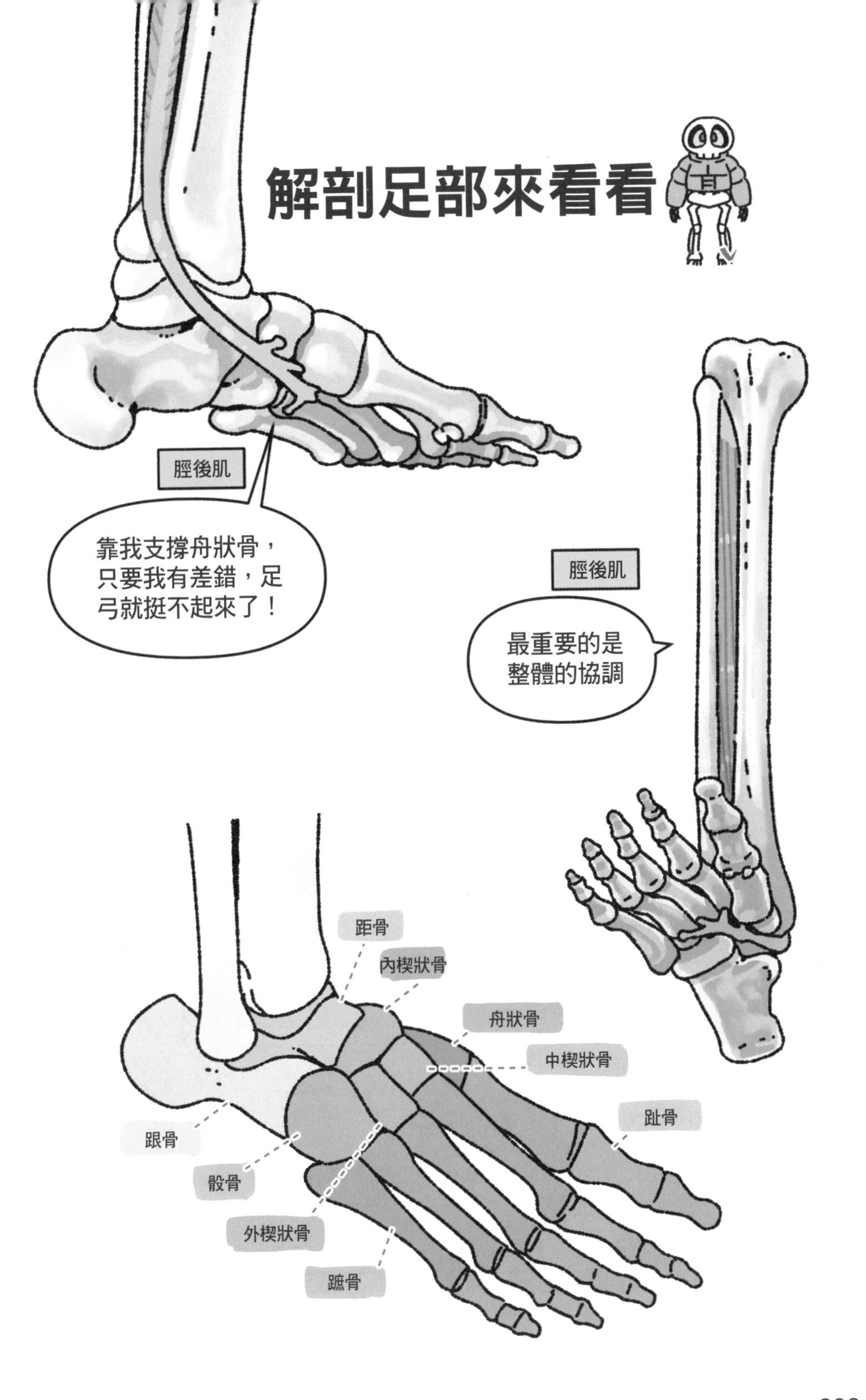
解剖足部來看看
脛後肌
靠我支撐舟狀骨，
只要我有差錯，足
弓就挺不起來了！
脛後肌
最重要的是
整體的協調
距骨
內楔狀骨
舟狀骨
中楔狀骨
趾骨
跟骨
骰骨
外楔狀骨
蹠骨

解剖漫畫劇場
哇，有藝人表演耶！
蛤，看不見啦

真拿你沒辦法耶！
耶～！！
哇嗚！

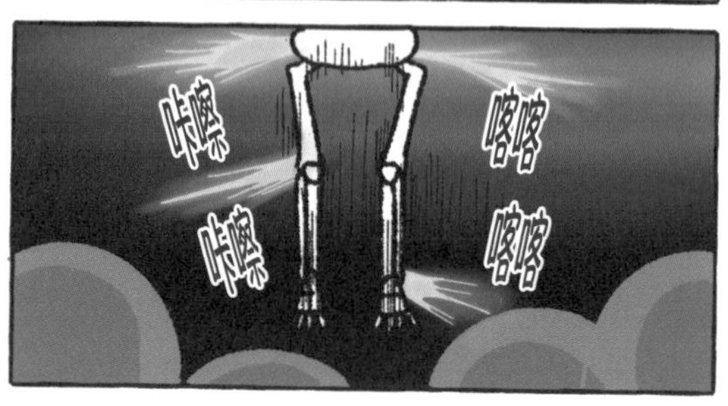
咔嚓
咔嚓
喀喀
喀喀

沒辦法！換我來吧！
誰叫你不節制一點！
哇～
肌肉豬只好照顧他到痊癒

關於解剖學的小知識

# 天然鞋墊

人的腳底有比想像中還要更厚的「脂肪墊」，保護身體免於受行走時的衝擊，可以說是先天的「鞋墊」。除了人類之外，地球上最大的動物——大象，也有這種先天性鞋墊，而且厚度還超級厚。

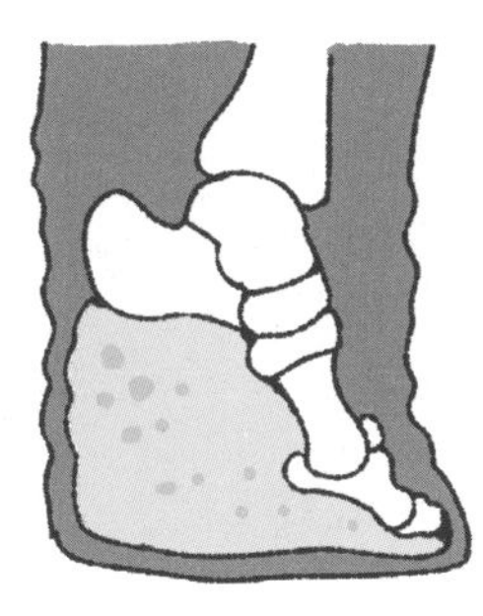

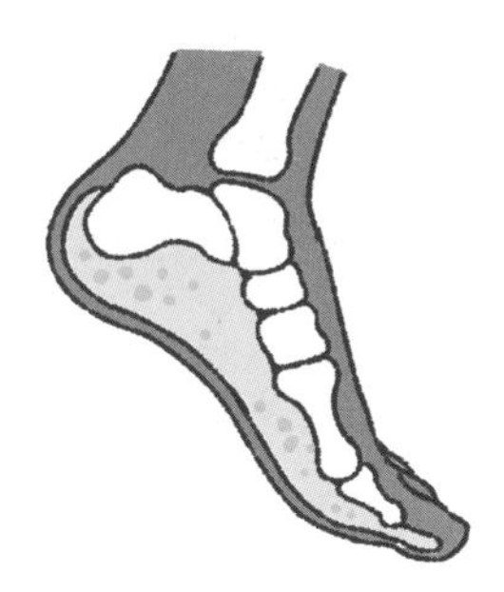

大象足部剖面圖　　人類足部剖面圖

以雙腳步行的人類，腳底有可以承載約0.1噸體重的脂肪墊。而大象則依品種不同，體重也有差異，能承受的重量約2噸到8噸，這樣就可以理解大象的腳底為何有「超級鞋墊」之名了。

一睜眼就看到

包含各種器官、肌肉

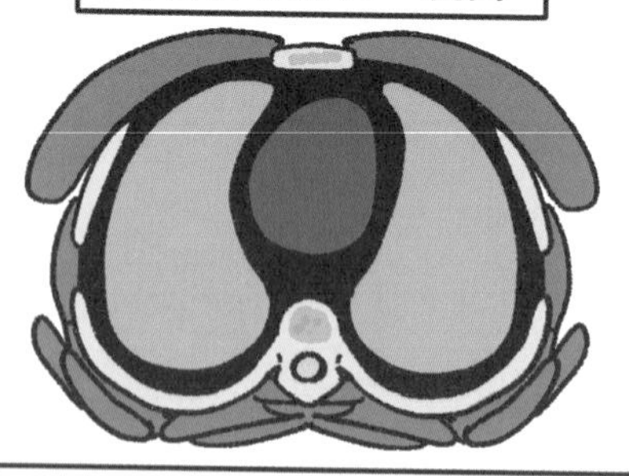

以及12對肋骨的世界

《十二國記》｜小野不由美｜2012

人的外表不是很重要，內心才是最重要的。

在解剖學裡也是。

「胸部」裡面，比外面看得見的部分更重要。

我們先來看構成胸部框架的肋骨。

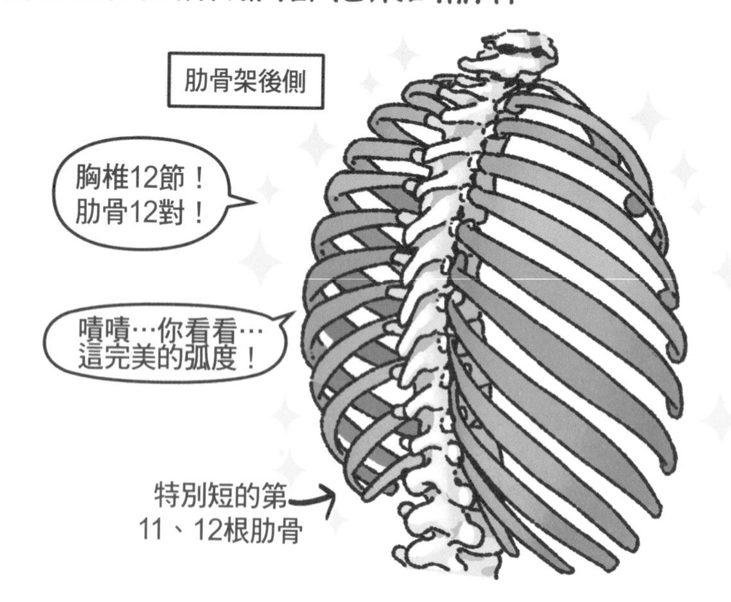

肋骨架的四周封閉，就像一個籠子一樣，由胸椎、肋骨及胸骨構成，又稱為「胸廓」。

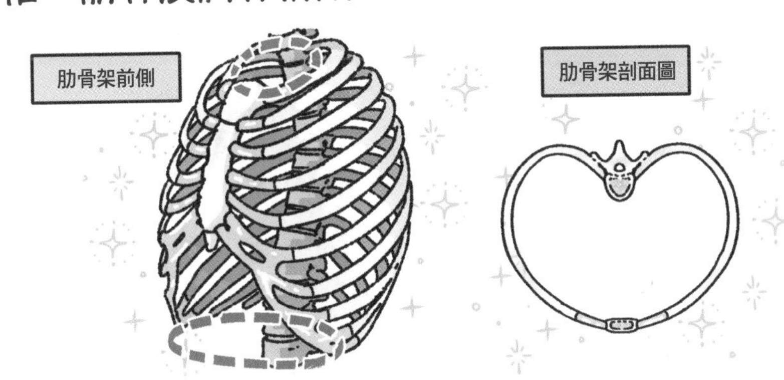


肋骨的主要功能是「保護器官」。

「胸骨」與肋骨構成胸廓，這個部位也就是大家「生氣搥胸時」，會去搥打的部位，其特徵是外觀長得像領帶。

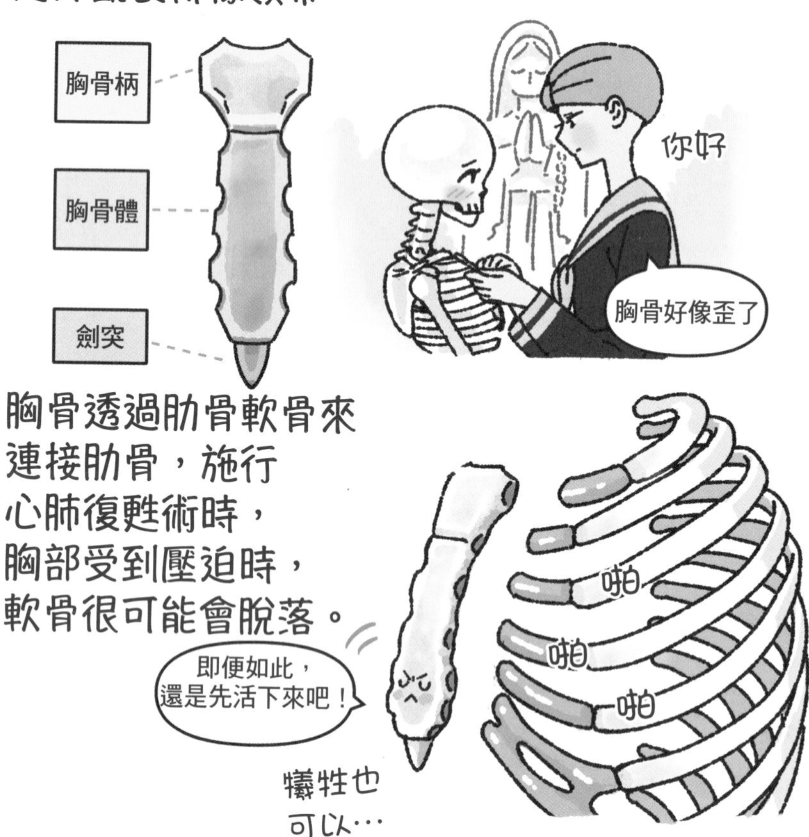


胸骨透過肋骨軟骨來連接肋骨，施行心肺復甦術時，胸部受到壓迫時，軟骨很可能會脫落。

我們知道的肋骨軟骨，就是「肋軟骨」。

*屠宰時會切成長條狀，包括肋軟骨在內。

另一方面，肋骨的側後方有「前鋸肌」，容易與肋骨混淆。

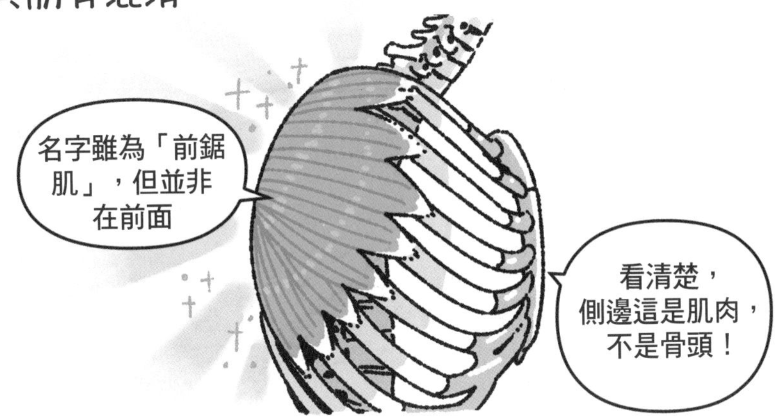


雖然有肌肉明顯的人，

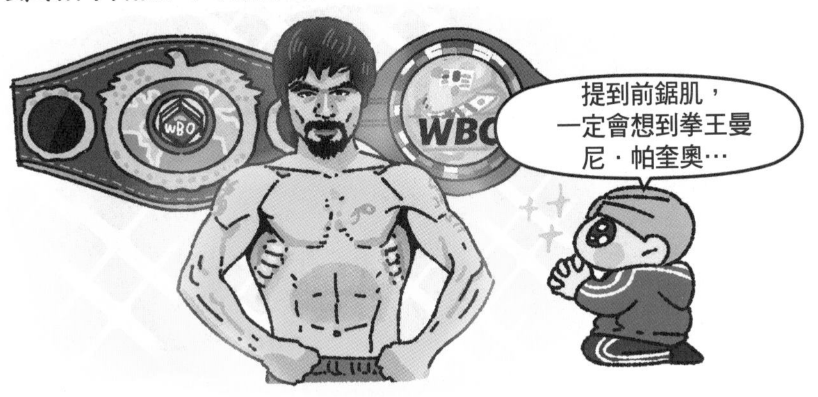


但擁有子彈般立體前鋸肌肉的人極為少數，所以即便沒長出子彈肌，也不必悶悶不樂。

*沒差，我有他的親筆簽名拳套就好。

前鋸肌稍微往上一點就是「胸小肌」，是改善「圓肩駝背」以及渾厚肩膀的反派角色之一。

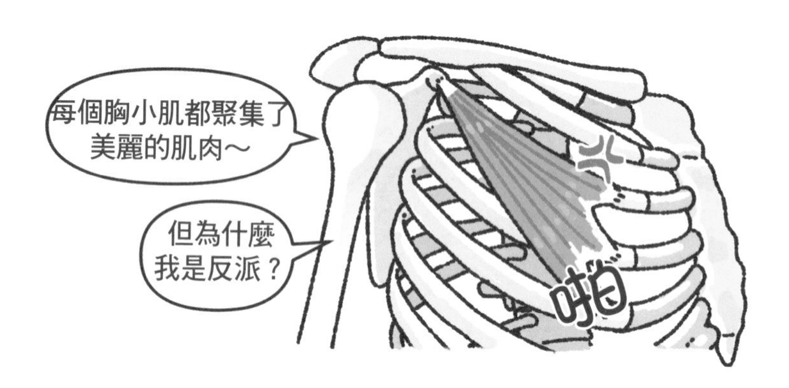


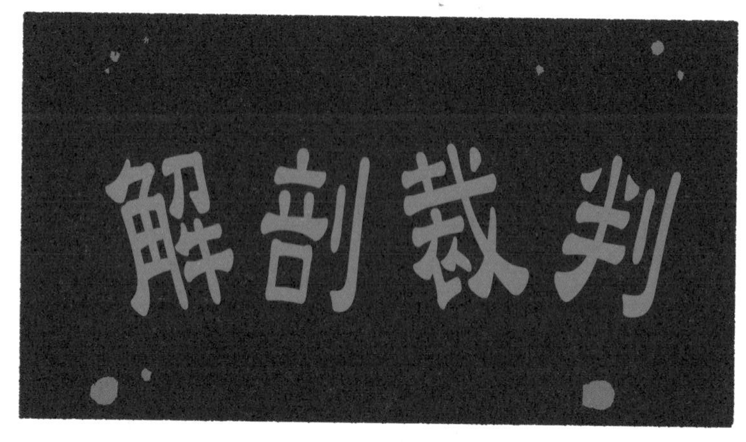

姿勢和動作不是平面問題，所以很難透過只處理胸小肌來解決圓肩或烏龜脖的問題。

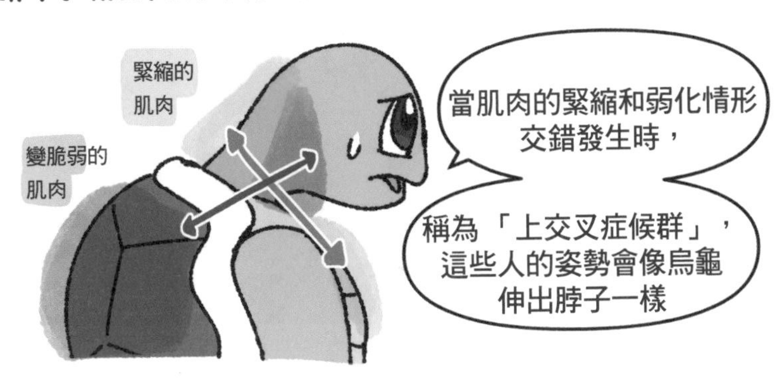

然而，由於胸小肌經常被使用，所以這是一個不易放鬆的部位⋯

但是，放鬆胸小肌才是根本的解決辦法。

雖然會有點痛，但是好好按摩的話，肩膀會變得更輕盈一些。

解剖漫畫劇場

關於解剖學的小知識

## 女性胸部結構

女性胸部的肌肉層和男性相同，但女性在其上方尚有「脂肪」和「乳腺」，如下圖所示。

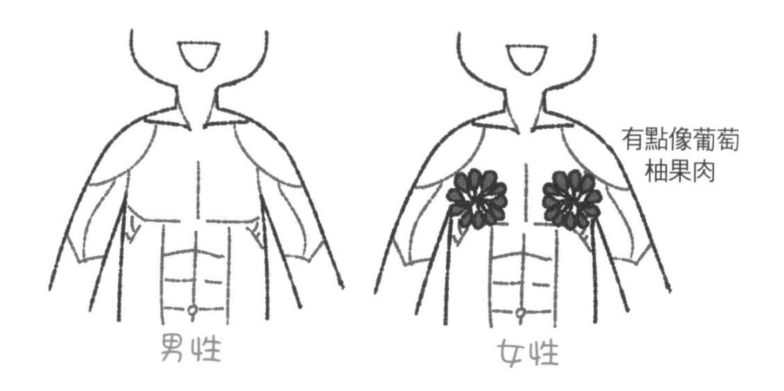


這部分因為可能罹患乳房囊腫、纖維腺瘤以及乳腺癌等疾病，所以必須定期檢查，其中有兩個令人害怕的影像檢查。

● 乳房影像檢查

為了得出較清晰的影像，需平壓拍攝，光想像一下就會覺得非常疼，實際上也是如此。

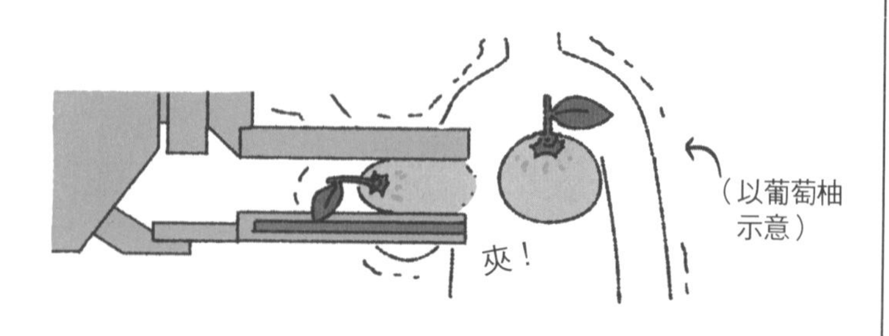

● 活體組織抽針檢查（組織檢查）

**用粗針頭．採集組織進行檢查。**

正確的說法是「真空輔助活體組織切片（vacuum-assisted biopsy, VAB）」。雖然不是大型檢查，但由於是以針直接進入我們的肉中取出組織，所以會有約一天的時間感覺很疲憊。

人類是透過「感覺」感受世界，透過「情感」拓展世界的。

從感覺和情感產生的「想法」和「心情」，都是在大腦裡發生的。

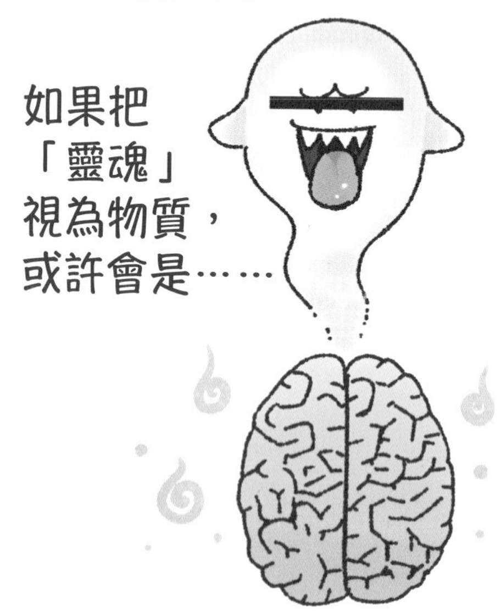


和「大腦」差不多的東西。

# 神經和靈魂的第六感溝通！

《靈異第六感》｜奈・沙馬蘭｜1999

## 第17回 骨髓感應器

### ：神經系統

「神經系統」是一個包含大腦的系統，也是從感覺中收集、整理、判斷資訊，並下達命令的老大。

大腦24小時都非常迅速地在處理各種事情。

與體積相比，它消耗了更大的能量。

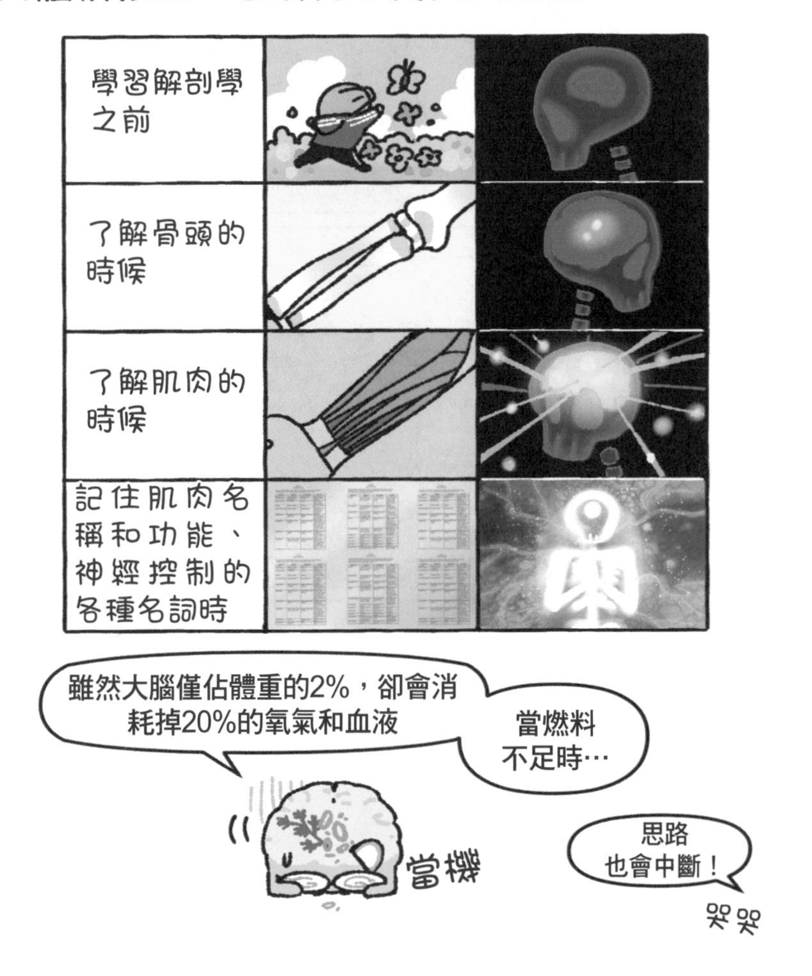

因此，為了神經系統的和平，最好適當攝取大腦唯一的能量來源「碳水化合物」。

大腦下方是神經系統的支柱「脊髓」。

腦脊髓液能讓大腦受到第二層保護。

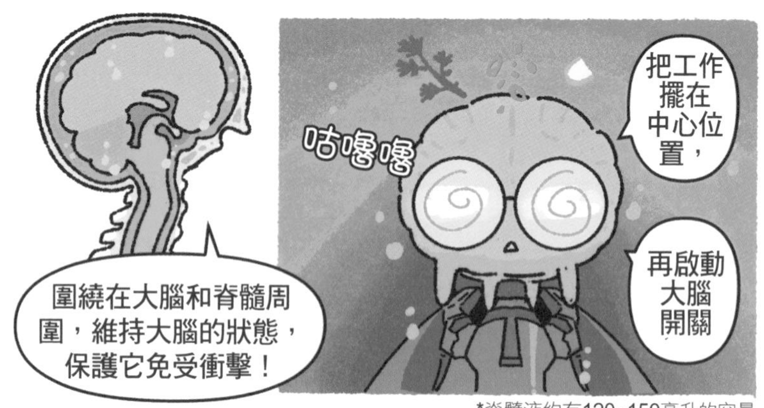


*脊髓液約有120~150毫升的容量

就像大腦中每個區域，負責的工作都不同，脊髓也因部位而異。

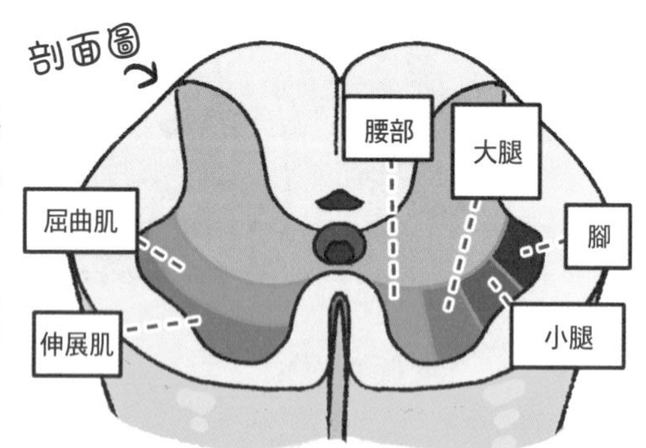


想要全部都了解的話，就觀察一下像蝴蝶般的剖面圖吧。

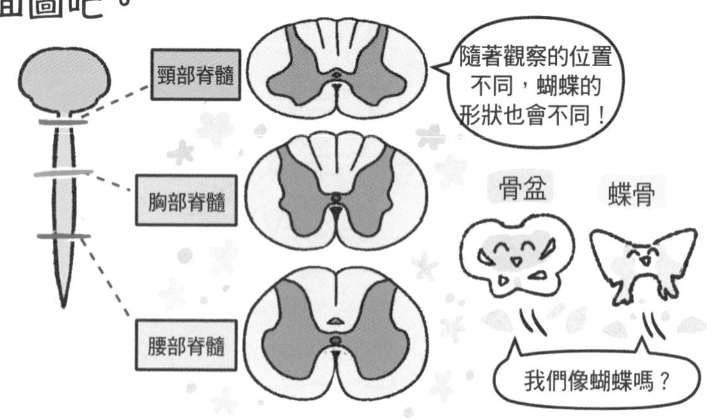

從脊髓開始分支的「末梢神經」，自脊椎骨之間的縫隙中鑽出。

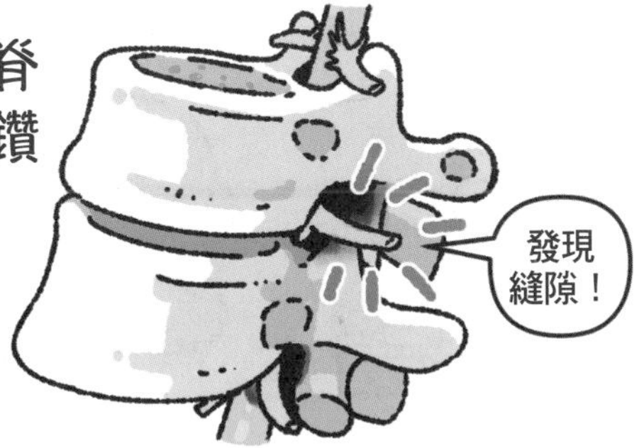


全身共有43對神經，像樹幹一樣密密麻麻地紮根。

*腦神經則有12對，直接從大腦發出。

末梢神經會分支擴散至肌膚和內臟。

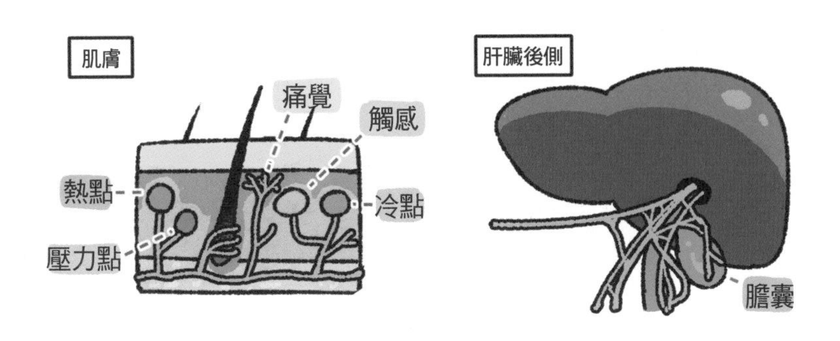

## 神經負責接收各種感覺~

## 從頭到腳，支配著整個身體。

我們的身體和心情，都受到神經系統的支配。

以後在往前伸展或拉筋時，如果感覺像電流流過，請不要太害怕啊~

解剖漫畫劇場

萬聖節
變裝派對

真有趣

啦啦啦啦

嘿咻—
變裝
真好玩!!

關於解剖學的小知識

## 圖解自律神經系統

末梢神經系統中的自律性神經系統，又可區分為「交感神經」和「副交感神經」。

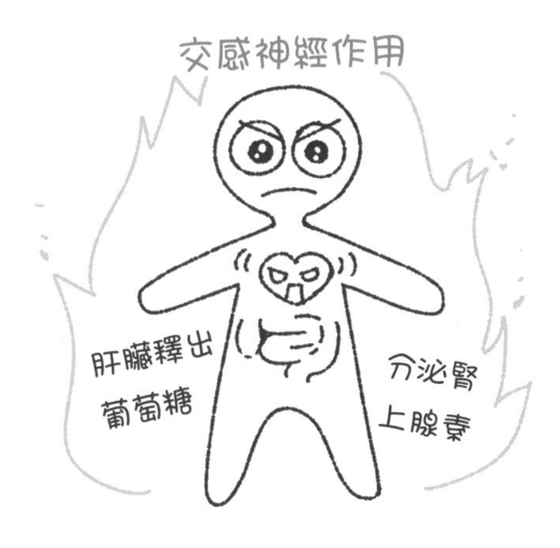


瞳孔大小↑
血壓↑
心跳速率↑
分泌唾液↓
消化↓
排尿↓

瞳孔大小↓
血壓↓
心跳速率↓
分泌唾液↑
消化↑
排尿↑

以後不說「吃膩了」，要改說「副交感神經發揮作用」了。

雖然「心形」也代表「心臟」的意思…

但是心臟的形狀並不是心形。

第18回

噗通噗通

# 心跳手札

## ～循環系統～

《純愛手札》｜科樂美｜1994年版

ApdulStation

VESSEL

心臟的位置通常在左側，

哼！
左邊、紅色…
左派…

心臟女王
閉嘴！身體是
中央集權的君主制
紅血球
砰砰砰
但其實是誤會！
只是靠左邊
「傾斜」，實際
還是在中央！
所以進行心肺復甦
術時，要朝中間的
胸骨按壓！

可是…

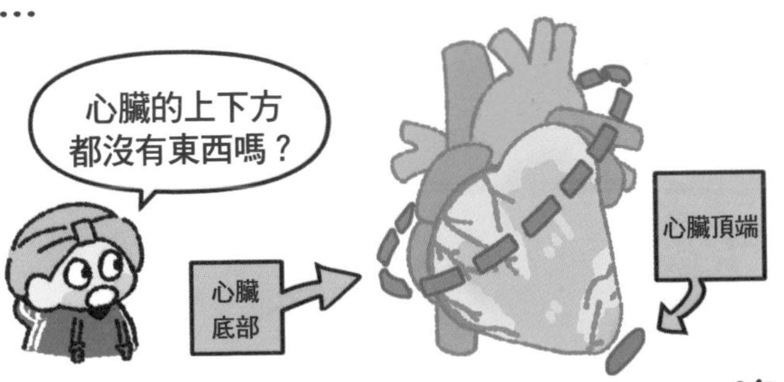


沒錯。

倒著看心臟，可以看到包裹著心臟表面的「冠狀動脈」的樣子。

另外一方面，心臟內側被膈膜、肌肉和瓣膜劃分成四個空間。

其中「心房」一詞，源自於拉丁語「Atrium（大的房間，客廳）」，

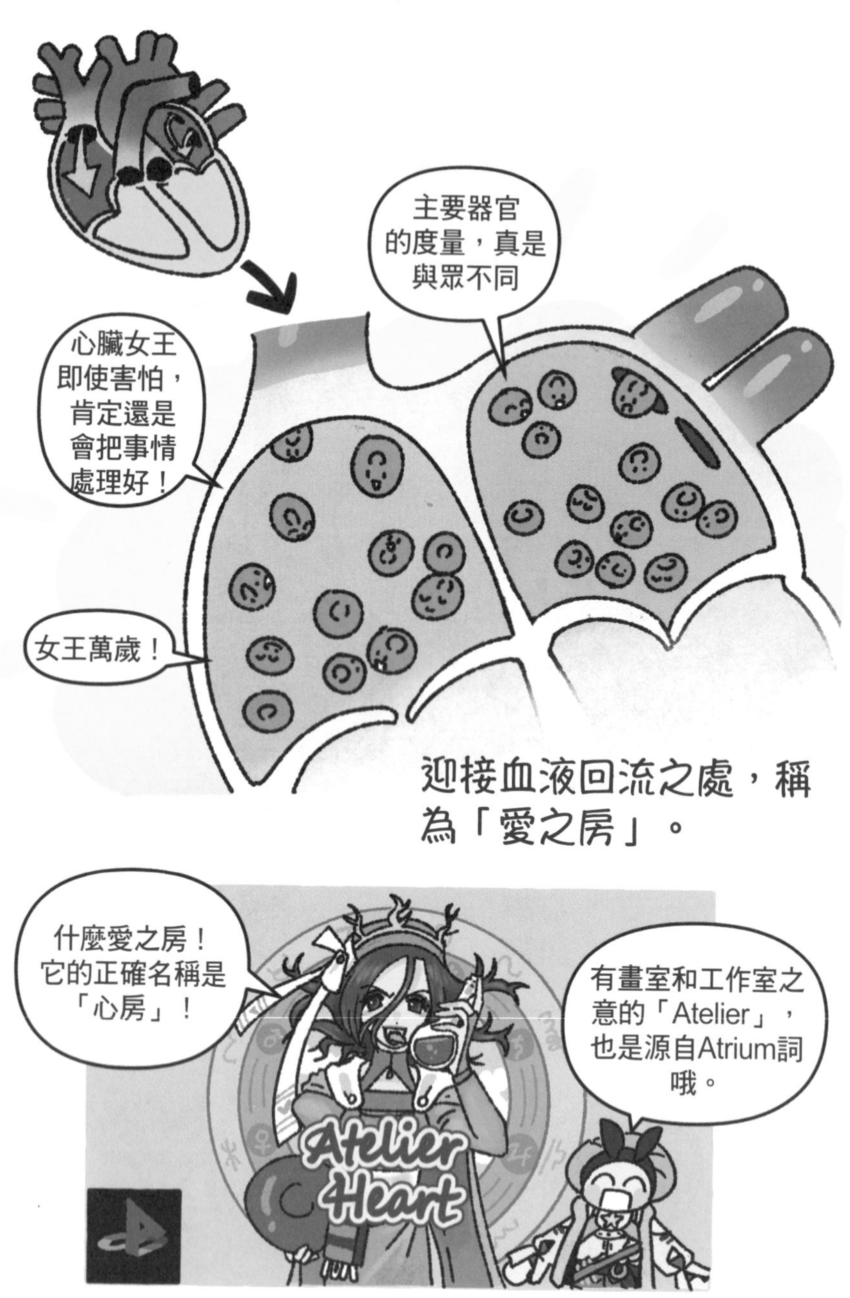

經過心房的血液，暫時停留在肺部之後，會再擴散至全身。這個過程只能由心臟自己「強烈跳動」才有可能進行。

心臟由能發揮力量的「心肌」組成。

## 因為心臟的肌肉會長大，所以心臟搏動次數較多的「運動員」，其心臟肌肉會比較發達。

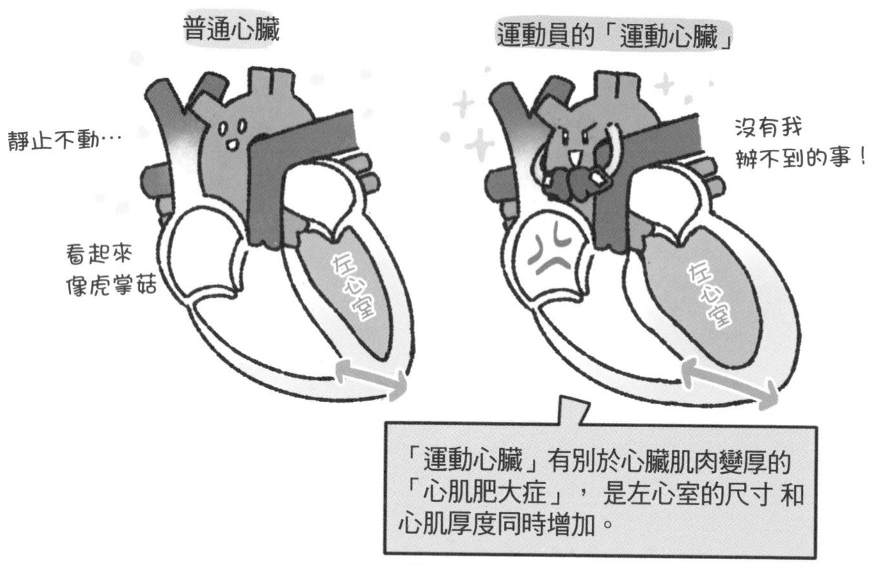


*長時間進行高耐力的運動，成為運動型心臟的機率就越高！

## 心臟左下角的「左心室」之所以變得特別厚，是因為要將血液輸出至「主動脈」時必須用力。

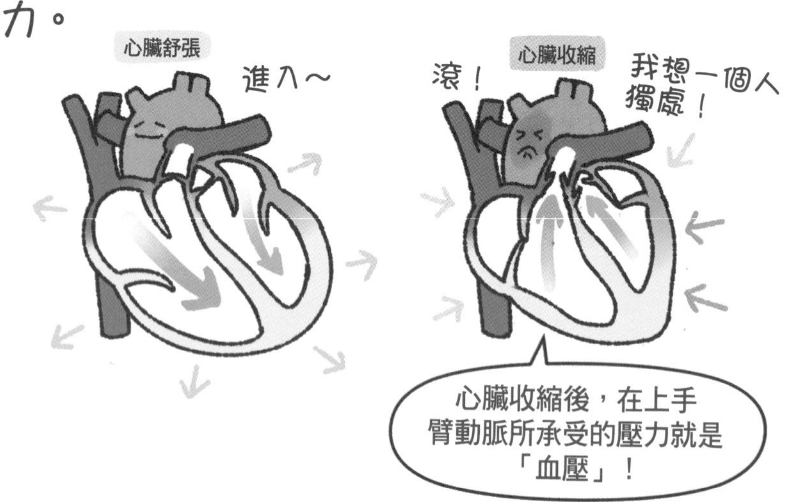

從心臟延伸出去的「血管」，分為「靜脈」和「動脈」。

兩者都是相似的分層結構，但靜脈中還有稱為「瓣膜」的附加結構，可防止血液回流。

*其實不僅在下半身，在身體的各個角落也能發現「靜脈曲張」現象。

血管作為流通全身氧氣和營養成分等物質的管道，是「循環系統」中的要角。

順便說一下，保護身體免疫細胞的「白血球」，則是透過「淋巴液」循環全身。

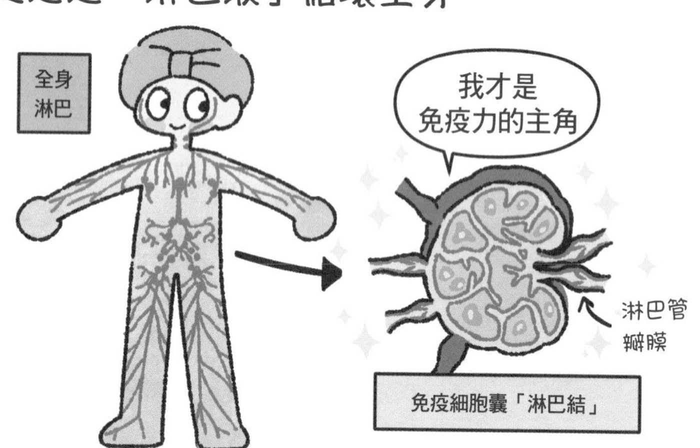


淋巴液的純化速度比血液慢，可以說是與全身細菌、病毒抗爭的最前線戰士。

因此，按摩「淋巴結」可以促進免疫細胞的循環，有助於身體的代謝和保健。

# 解剖漫畫劇場

鬼鬼說
的可愛娃娃…
一定要夾啊！
盯！
你要夾
那個嗎？

唉…錢都
花光了
啊～
最後
一次…

一次命中
啊哈哈哈！！
你看！你看！

原來肌肉豬喜
歡這個啊，
給你！
呃…喔…
謝謝！
不管怎樣以喜劇收場！

關於解剖學的小知識

## 我們身上的記號

臍帶是將母親和胎兒進行物理性連結的「生命線」，其外觀長得像「繩索」，但不是一根軟管，而是由兩條動脈和一條靜脈交錯而成的。胎兒透過臍帶進行新陳代謝，向母親排出廢物和二氧化碳，並「依靠」它獲得營養素和氧氣，進而發育。
臍帶通常約為50公釐長，如果過長，可能會彎曲或纏繞著胎兒；如果過短，在分娩的過程中臍帶很快就會斷裂。
分娩後，胎兒腹部剩餘的臍帶，會隨著時間自然脫落，如果停留一個月以上未脫落，可能會引起發炎問題。當臍帶順利脫落時，那個痕跡就形成母親和胎兒身體的曾經連結的記號——肚臍。

人類的獨立和臍帶的變化有點相似。
我們在成年之前，從同住的家人獲得各種「供給」，並且依賴和成長。此時，人類的（物理性、精神性）距離如果像臍帶一般過長或太短，就會發生問題。或者，在獨立後，如果沒能拋開「依賴的慣性」，一樣會出現各種問題。隨著時間的流逝，當我們逐漸適應了外在環境，僅留下「與家人直接相連的痕跡」作為「回憶」，那麼我們將變成一個真正獨立的大人。

我們一天24小時雖然都在不自覺地呼吸，

但是，呼吸的過程比想像中還難呈現。

第19回
心臟女王想交換
～肺泡的氧氣交換戰～
呼吸系統．內分泌系統
《輝夜姬想讓人告白～天才們的戀愛頭腦戰～》｜赤坂明｜A-1Pictures｜2019

## 呼吸系統從鼻孔開始。

## 進入鼻孔的空氣，在頭骨內的四個鼻腔中加熱和滋潤。

## 細菌和病毒被黏稠的鼻竇黏膜壁給攔下來，並變成鼻涕，通過喉嚨流到胃中，最後被摧毀。

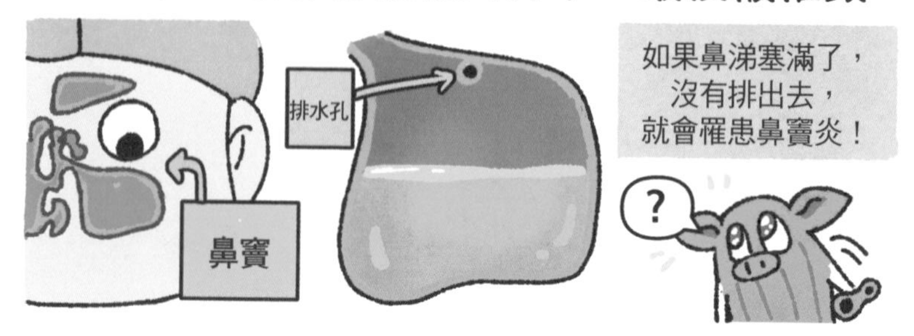

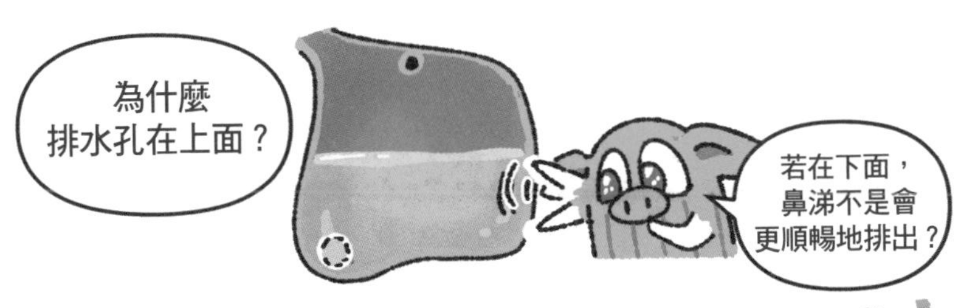


這算是我們人體中的一個錯誤設計吧！

另一個設計錯誤是，在鼻子內側和肺部中間的「喉頭和食道」。

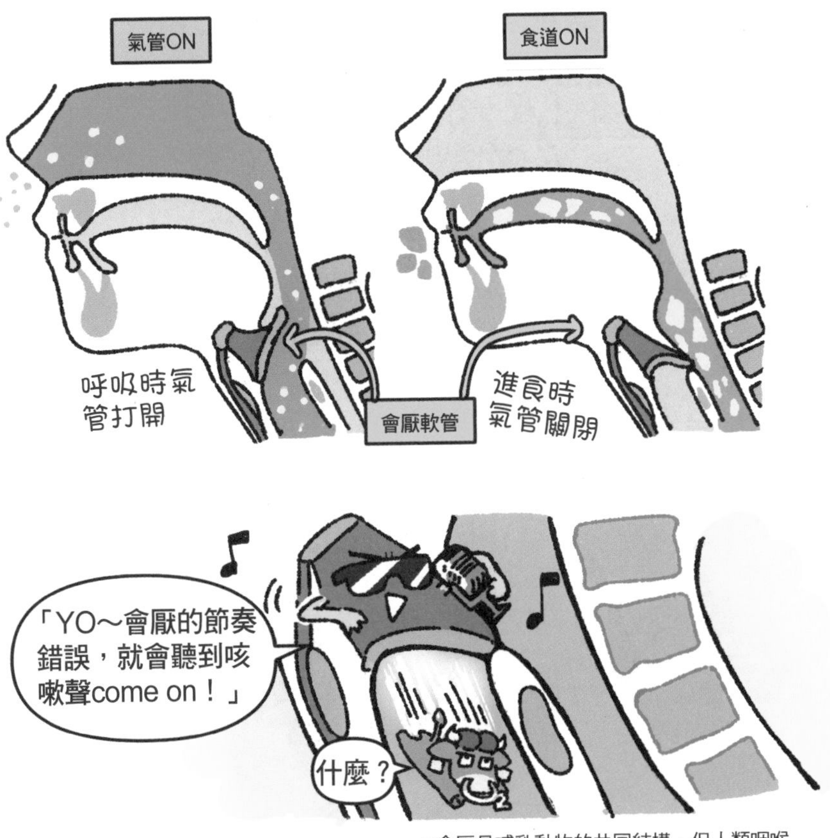


＊會厭是哺乳動物的共同結構，但人類咽喉位於高處，移動空間較小，因此更為不利。

當空氣順利通過喉嚨後，再穿過氣管到氣管分岔處。

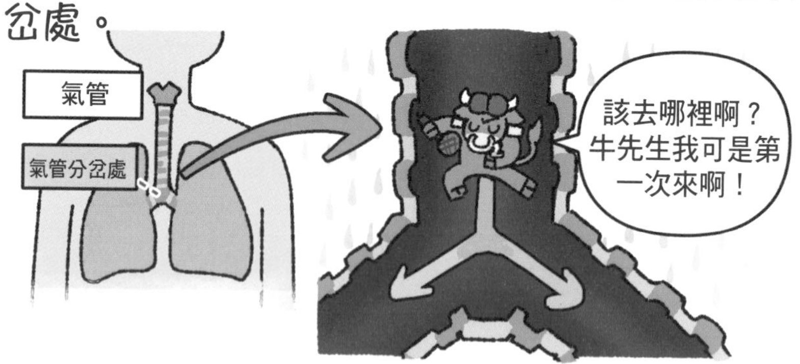


從氣管分岔處兩側分成左、右肺，彼此不是對稱的，左側有點呈現凹陷狀。

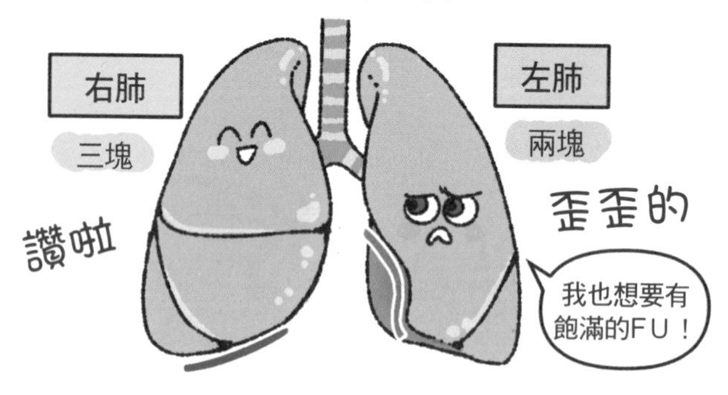


理由是……

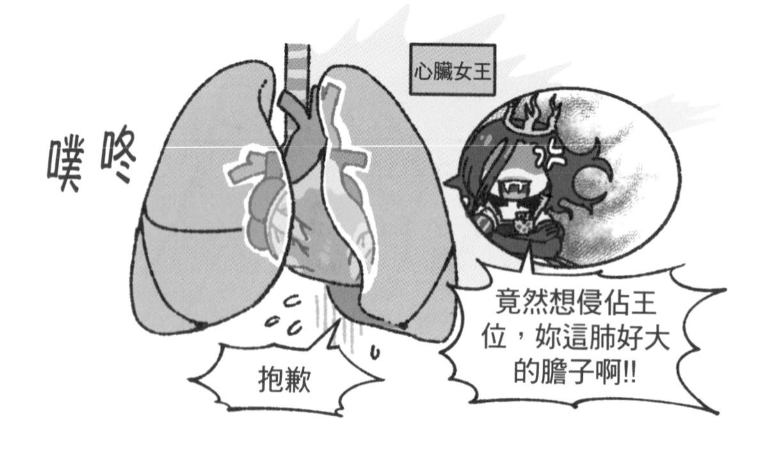

Q：為什麼左肺會有凹陷處呢？

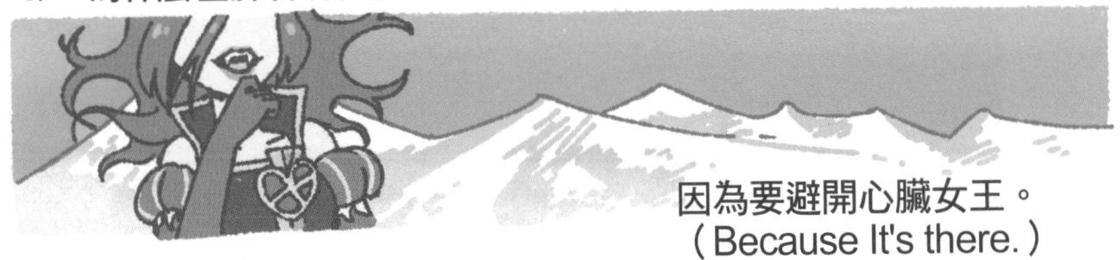


當氧氣通過支氣管就會抵達肺泡，
就會從「那」開始。

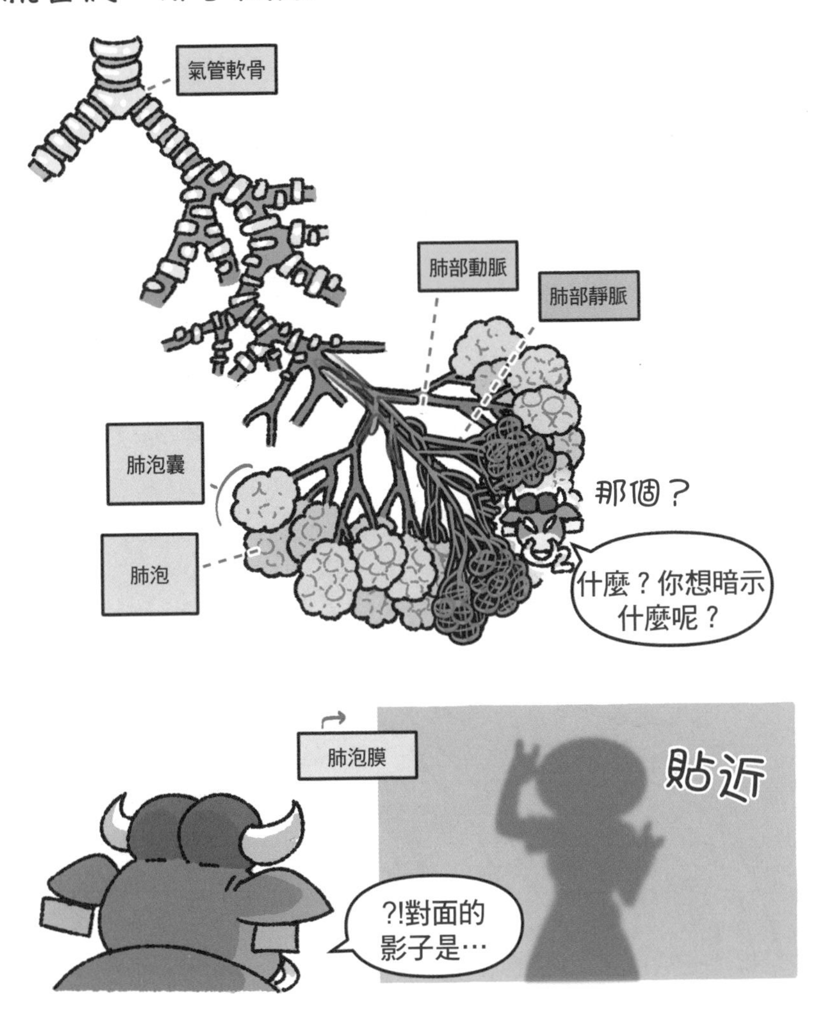

紅血球帶來的二氧化碳，與肺泡的氧氣會發生「氣體交換」。

從肺部獲得氧氣的血液，又回流到心臟。

拜見女王之後，

氧氣隨著主動脈傳播到全身，

在肺部則透過血管遍佈全身。

另一方面，器官也能透過分散各處的血管，發揮功效。

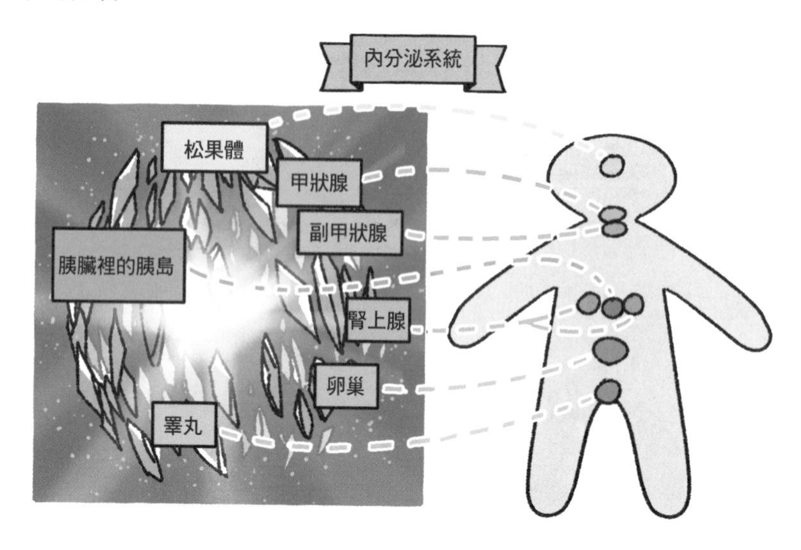


「內分泌系統」是一種分泌「荷爾蒙」的系統，而荷爾蒙是一種可以影響細胞活動的化學物質。

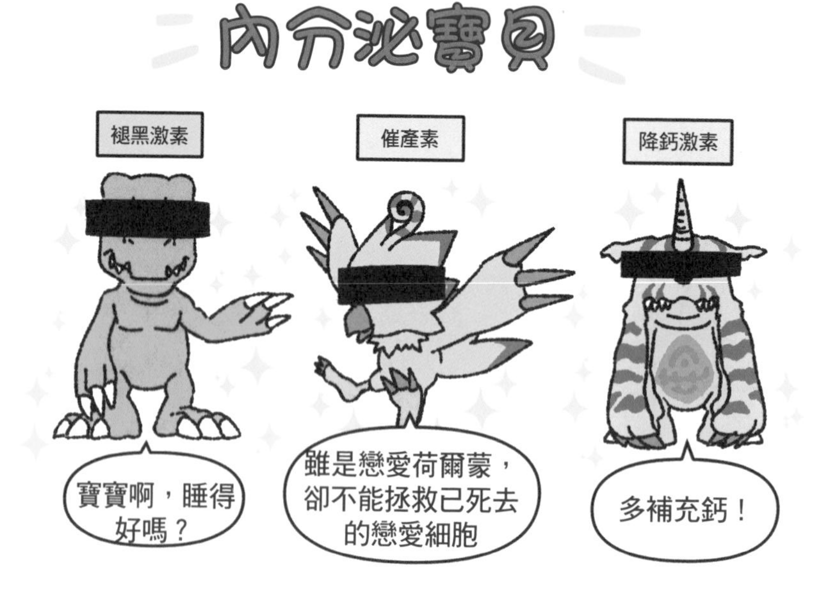

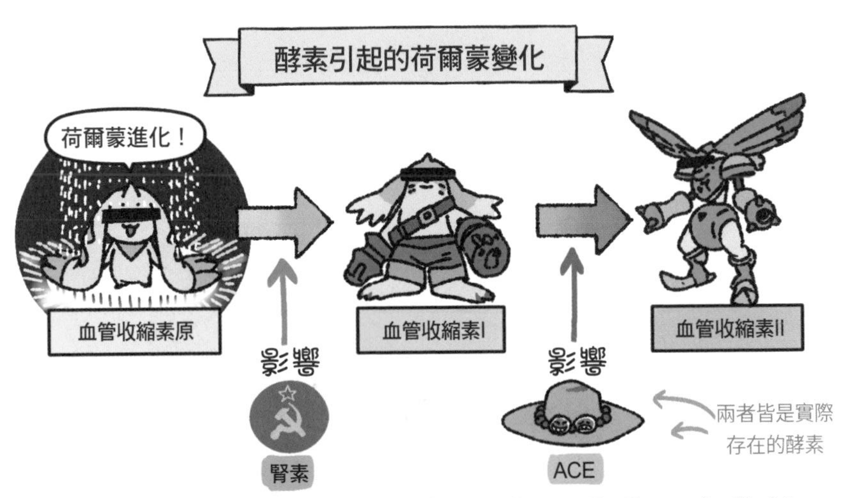


荷爾蒙對於骨骼和肌肉的生長、睡眠、水分控制等，造成很大的影響，其中最具代表性的就是「血糖控制」。

雖然，「生殖器」中的睪丸和卵巢也會分泌性荷爾蒙，也屬於內分泌系統的成員。

解剖漫畫劇場
默契大考驗
魯肉飯VS雞肉飯？
魯肉飯
雞魯飯
欸欸
喂～認真一點！
下一題！雞翅VS雞腿？
雞腿
？
呵呵
咦？肌肉豬兩種都吃嗎？
沒有雞胸肉啊…！
祖先的蛋白質從哪補充的呢？
啊…

# 我們是
# 飛天小公主◆◆◆

人類不太願意公開自己的排便行為。

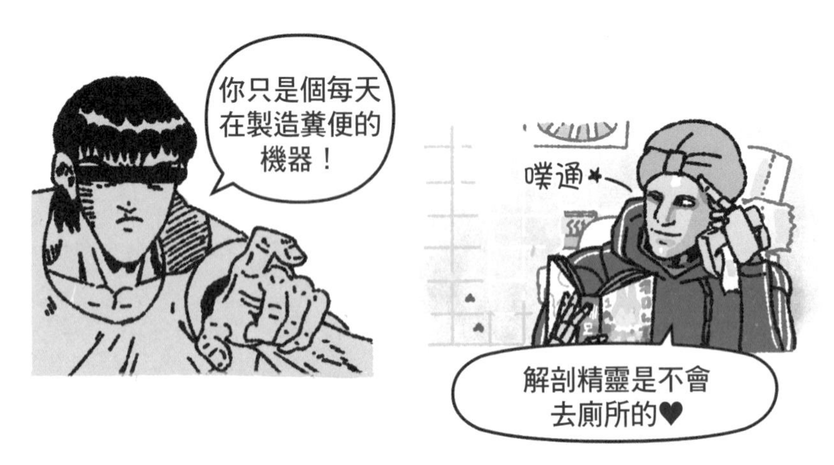


「消化系統」負責從吃進食物到排便的一連串消化過程 。

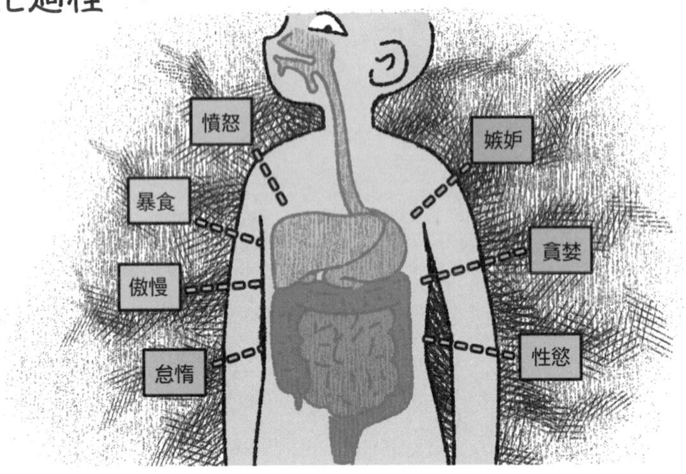


在無意識中感受到了「七大罪惡」的蹤跡。

第20回

# 七大罪的共犯：消化系統

人類生氣的時候，可能會透過咀嚼來發洩。

「牙齒」是幫助消化的「消化附屬器官」，透過咀嚼和咬碎食物，開啟你的消化與罪惡。

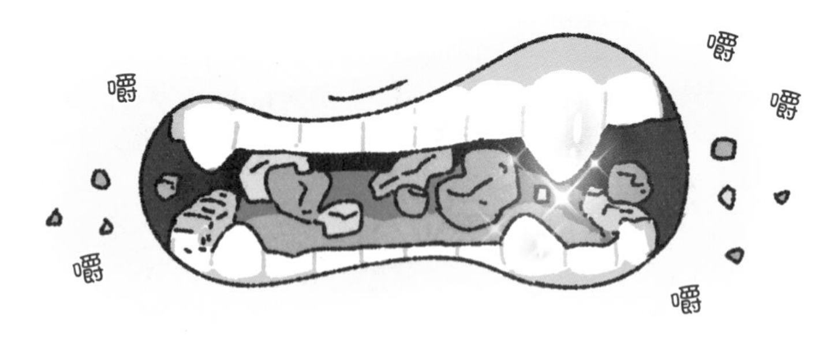


牙齒最外層有最堅硬的「琺瑯質」，讓我們可以透過咀嚼以緩解憤怒。

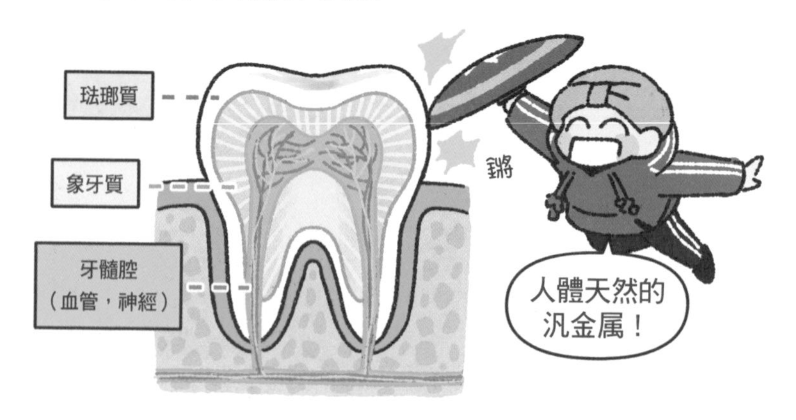

## 嫉妒之罪：唾液腺

當人類無法滿足需求時，感覺到剝奪感時，就會萌生嫉妒。

換句話說，就是「眼紅」。

臉上有這麼多腺，真是無奈。

就像牙齒是物理性消化的開始一樣，唾液也成為化學性消化的開始。

天底下沒有什麼新鮮事物，只有美味的食物最吸引人。

可以分辨味道的「舌頭」，其實是幫助咀嚼和吞咽食物的骨骼肌。

舌頭雖然喜愛追求各種味道，犯下暴飲暴食的罪過，但是除了消化之外，聊天時也需要它，所以是不可或缺的部位。

## 貪婪之罪：胃

吃東西的時候，會追求味道和飽足感，想要把胃填飽。

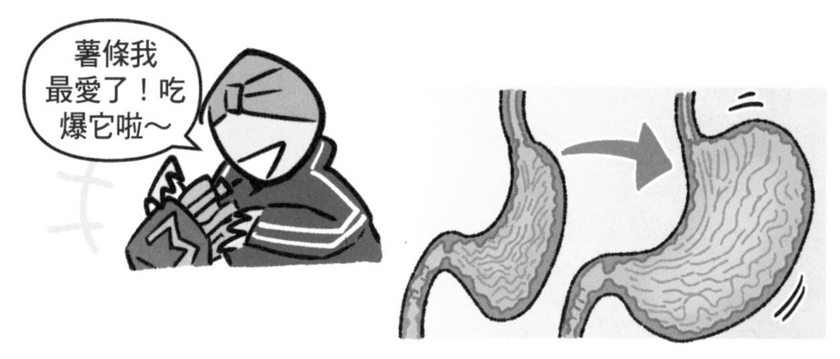


原本只有50毫升容積的胃，最多可以容納到約4公升，可說是因食慾而特化的器官。

在胃裡，嚼碎的食物會被胃液分解成像稀稀的粥一般，並開始分解蛋白質。

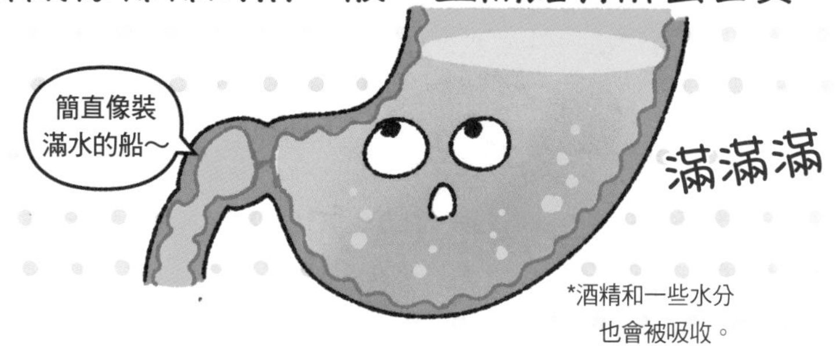


*酒精和一些水分也會被吸收。

## 傲慢與偏見之罪：肝臟

胃的旁邊是以傲慢著稱的「肝臟」。

肝臟雖然不是直接進行消化的器官，但是能製造出「膽汁」，有助於進行化學性消化。

胃和小腸是連結在一起的，膽汁則會排入小腸中，協助共同消化食物。

小腸會中和已經變成稀粥狀的食物的酸性，並吸收營養素和水分，每種營養素吸收的地方是不同的。

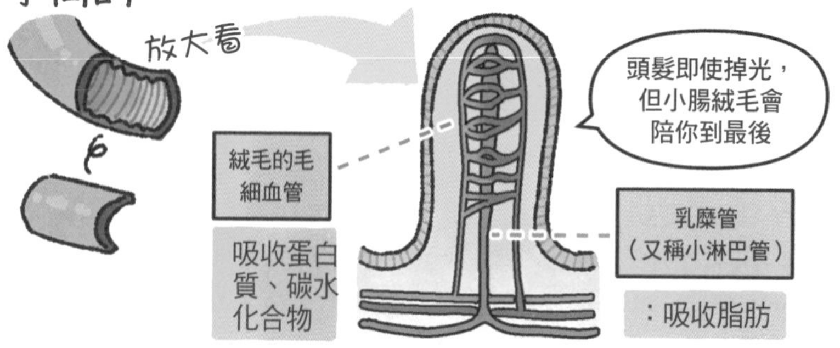

最後的消化道—大腸，大腸的位置像是把小腸包裹起來似的，區分成為七個部位。

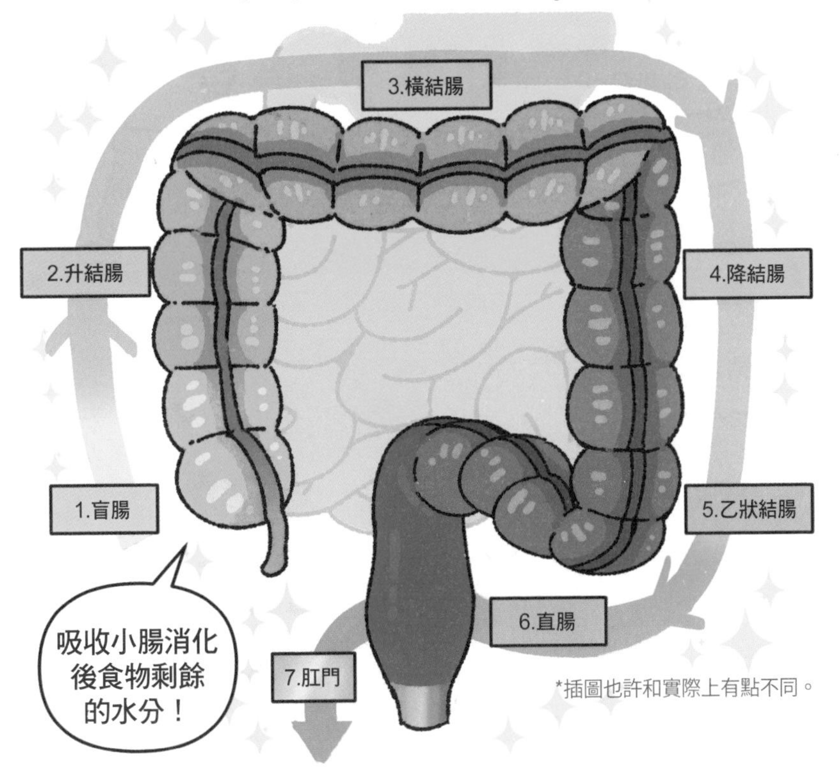


其中，在盲腸末端莫名其妙地長出來的東西，就是常說的「盲腸炎」的「闌尾」，又稱為蚓突。

又沒什麼用處，還會被糞便和食物殘渣堵住，引起發炎～
你…你太懶了～
什麼呀！你…
你這個懶惰蟲啊啊啊～
啊啊啊
躺平族萬歲!!!
讓我看看～剩下的罪惡和部位是什麼？
登登
罪惡：色慾
消化道：肛門
不行，這個組合太危險了！！

可是，如果你畫
這個…

肛門(Anus)的
詞源是「環」

知道是什麼
感覺吧？

後來還出現了「小環（Anulus）」，也就是「戒指」，接著，這個詞又衍生出戴戒指的「無名指（Digitus Anularis）」一詞。

肛門像戒指？愛情是浪漫的才對啊！這就像是戴在無名指的「結婚戒指」的愛情誓約！

反正，肛門=真愛。

解剖漫畫劇場

NOEFLIX
來看鬼片吧！
可是…有點怕怕的

嗚嗚嗚
啊啊！！

啊，嚇我一跳！
驚怕

關掉好了
原來你筋這麼軟？
抽筋

關於解剖學的小知識

## 偷偷幫助消化系統的「胰臟」

雖然本回並沒有提到關於胰臟的內容，但「胰臟」是活躍於內分泌系統和消化系統兩者的器官。
胰臟不僅從胰島分泌能夠調節血糖的胰島素和升糖激素，還會分泌胰液，其中含有分解碳水化合物、脂肪和蛋白質的各種消化酶。胰臟不像大型的消化系統器官那樣會進行蠕動，而是躲在胃的後面，胰臟分泌的胰液會透過胰管，輸送到十二指腸，默默地忙幫助消化系統。

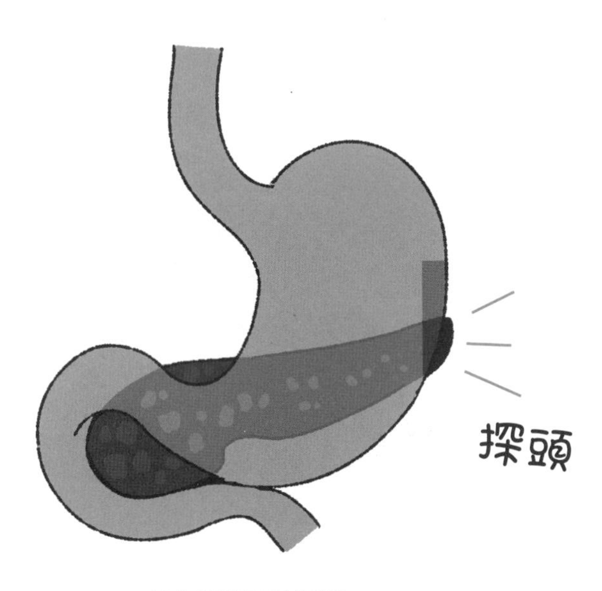


躲在胃後面的胰臟

在古代，虎患、天花和戰爭等是最可怕的災禍。

然而，由於「抖內」的出現，加上現代人喜歡「辣」一點的內容，引發了可怕的後果。

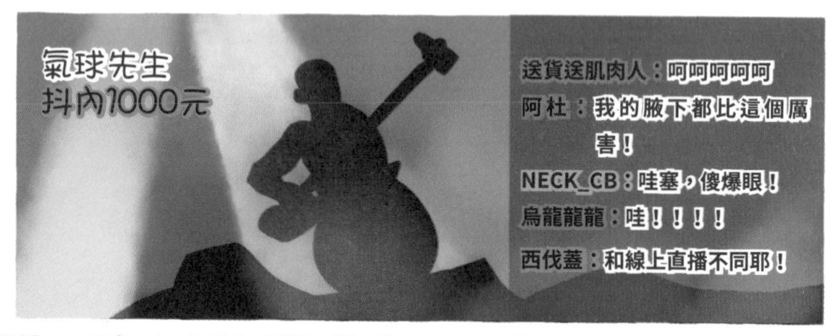


不過，這本解剖學漫畫，是在有趣的「原味」範圍內，來介紹實用的解剖學知識，希望能讓大家喜歡上這門學問。

# 絕對避開細菌感染
# ：泌尿系統、生殖系統

《飛吧超級滑板》/ 許英萬 / 1992

「泌尿系統」是製作和儲存尿液後，再排出體內的器官。

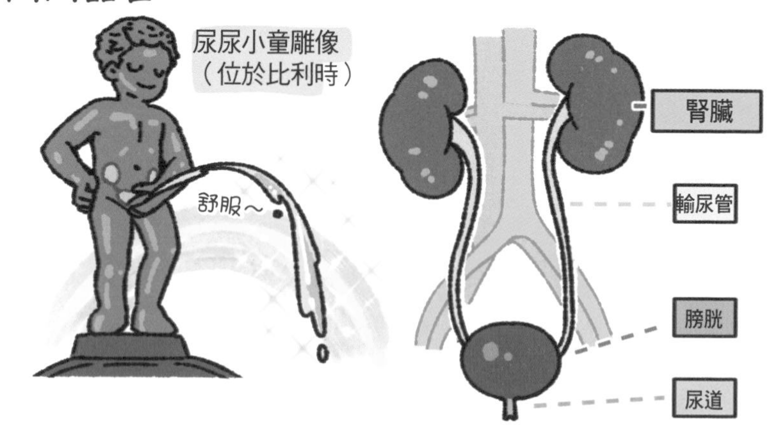


其中，「腎臟」負責過濾來自血管的「血液」來形成尿液。

過濾這個的熱液體的腎臟，感覺就像是「咖啡濾掛」一樣。

不過，尿液與一次性過濾的咖啡不同，會經歷過濾和重新吸收，然後「再次」過濾的過程。

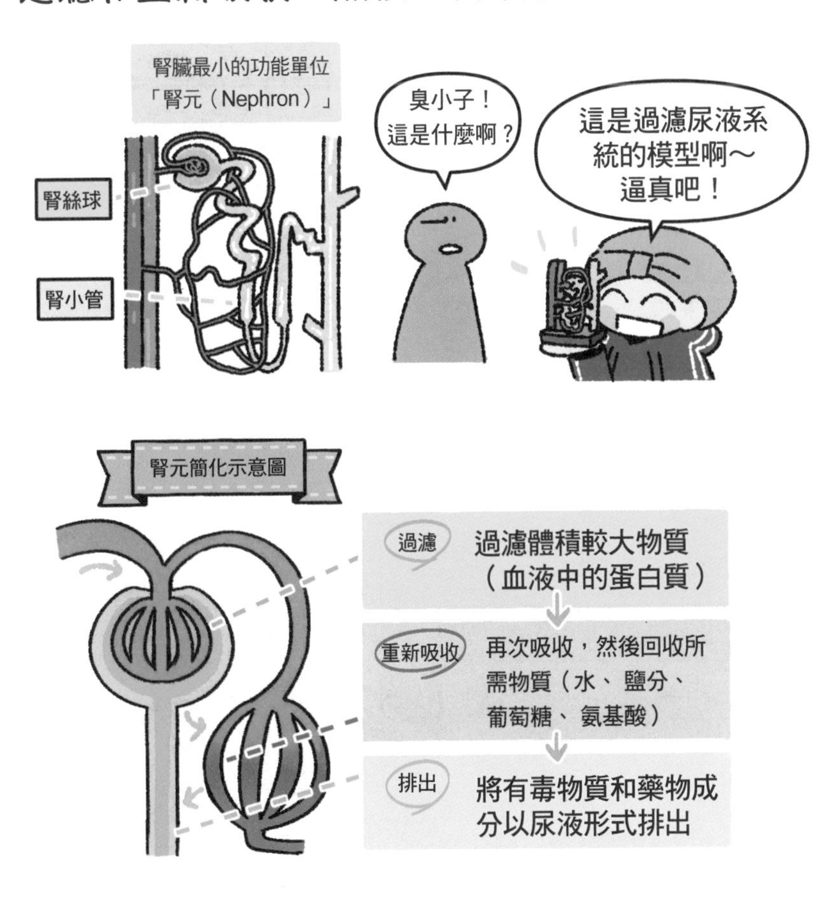


這寶貴的液體最終聚集到膀胱中。

*膀胱的容量約有500毫升，只要到達150毫升時，就會產生想上廁所的信號

## 膀胱中的尿液再透過尿道（生殖器）排出。

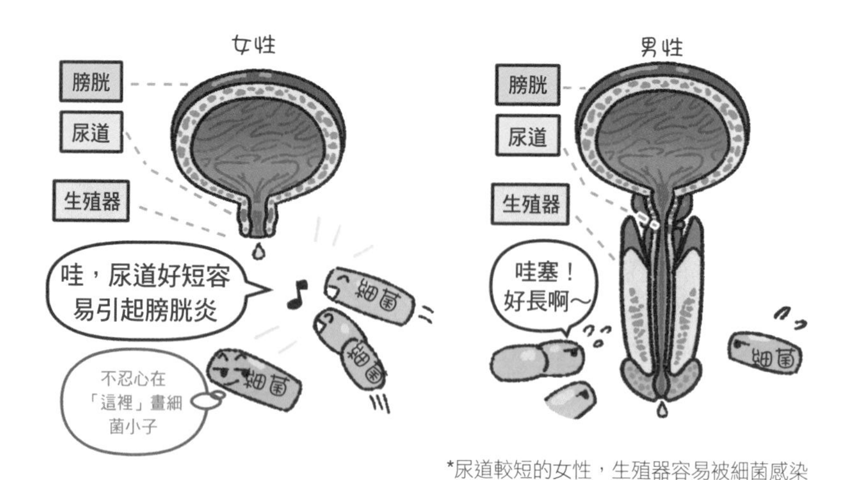


*尿道較短的女性，生殖器容易被細菌感染

來看看美化版好了…

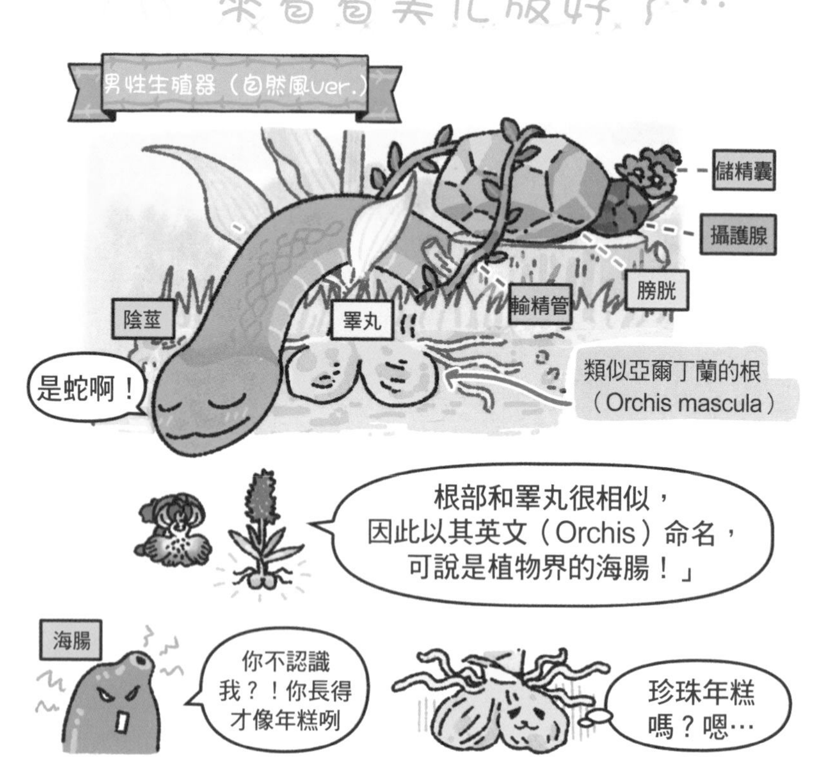

眾所皆知，「陰莖」裡是像海綿般柔軟的「海綿體」，而不是硬梆梆的骨頭。

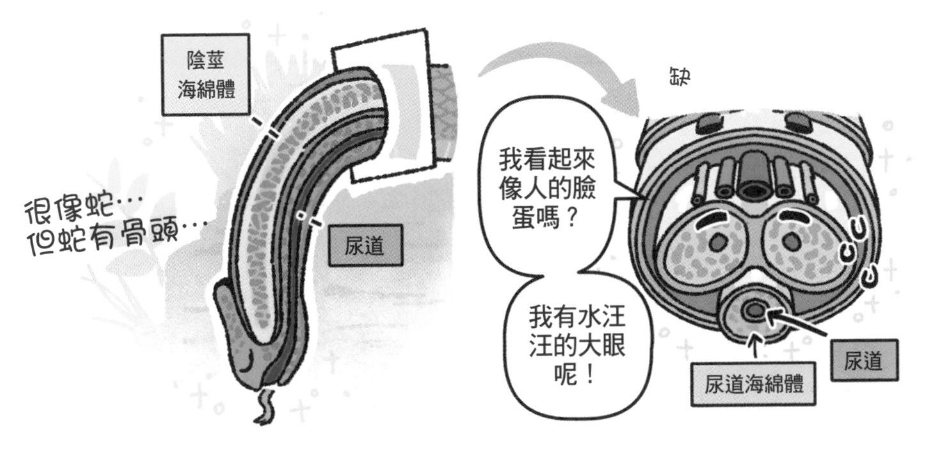


當這個陰莖海綿體的「海綿體孔」充滿血液時，就會發生「勃起」。

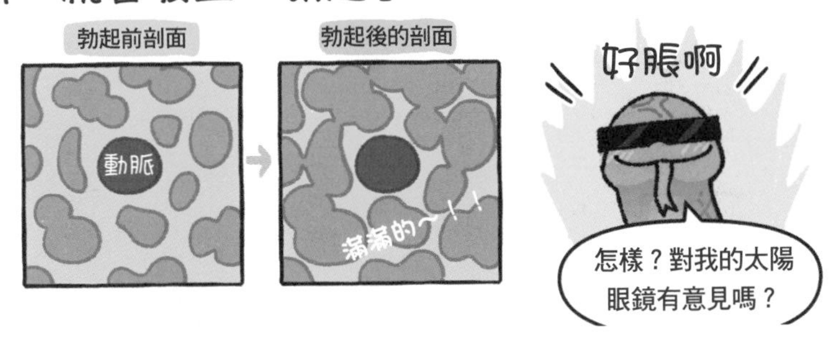


位於陰莖下側的「睪丸」，內部充滿著製造精子的曲細精管。

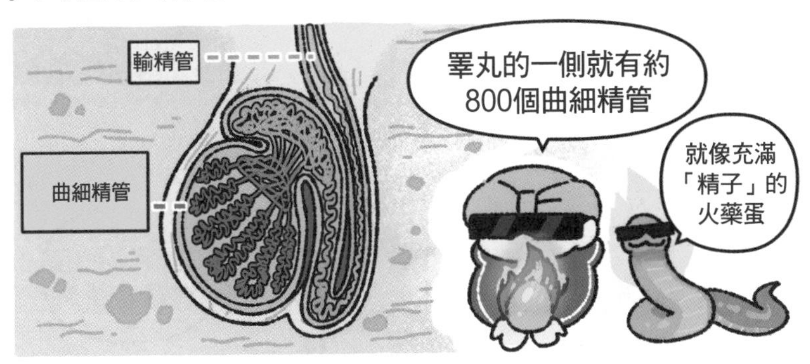

女性生殖器可見的部分只是冰山一角，整體的結構大家不太清楚吧…

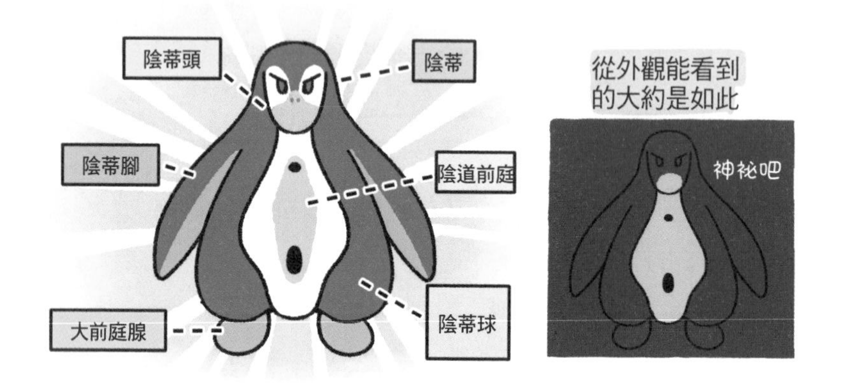


其中「陰蒂」
就像「陰莖」
一樣由海綿體組成，
如果血液上升，
就會「勃起」。

強尼企鵝

你對我的造型有意見嗎？

子宮兩側的「卵巢」，內部充滿了富含血管的髓質。

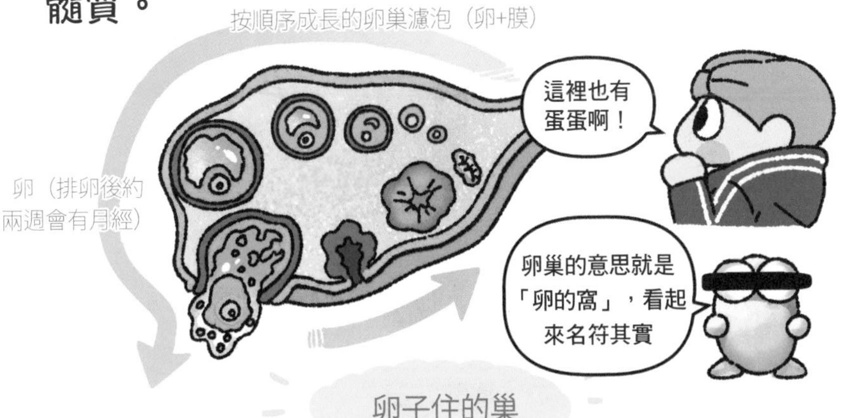


男性的睪丸和女性的卵巢都是分泌「性荷爾蒙」的器官。

卵巢的性荷爾蒙是影響月經的荷爾蒙

荷爾蒙大亂鬥粉碎

（月經時的身體狀態）

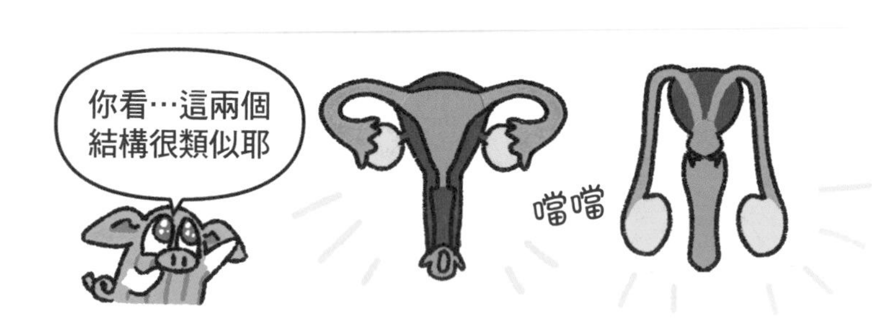


## 男性和女性的生殖器「起點」是一樣的。

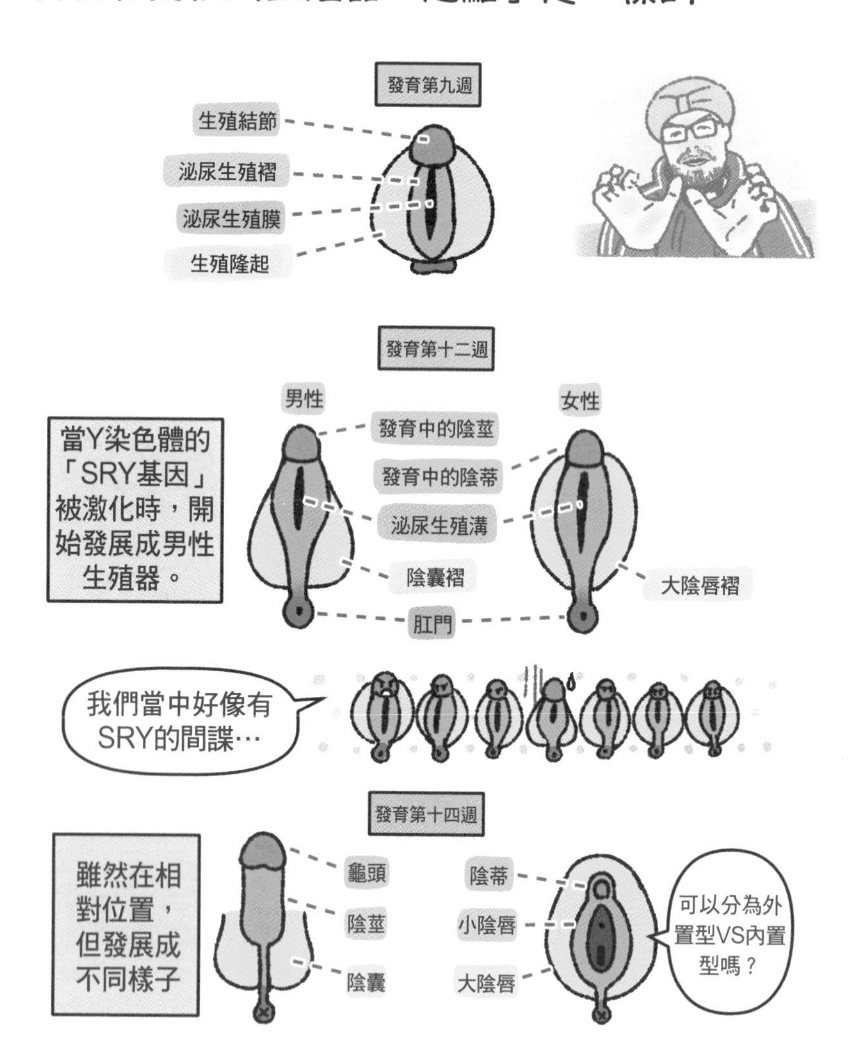

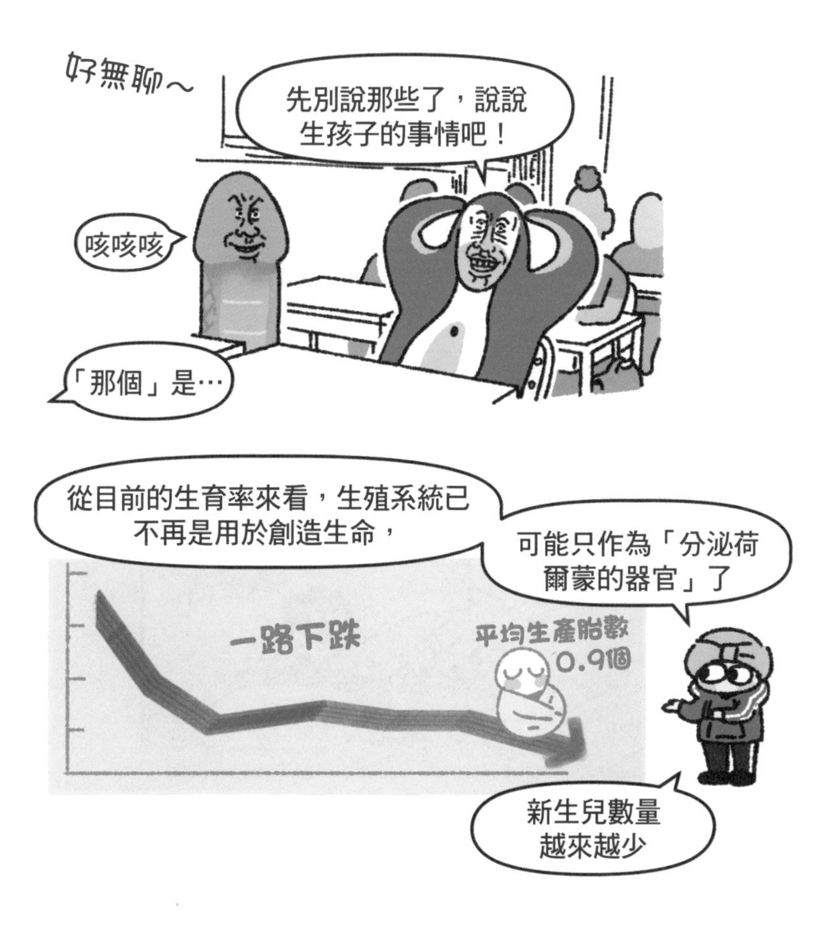
好無聊～
先別說那些了，說說生孩子的事情吧！
咳咳咳
「那個」是…
從目前的生育率來看，生殖系統已不再是用於創造生命，
可能只作為「分泌荷爾蒙的器官」了
一路下跌
平均生產胎數 0.9個
新生兒數量越來越少

再
會
不覺得乏味嗎？該結尾了…

解剖漫畫劇場
哇，浮起來了
我只是坐在游泳池裡耶！
海水太鹹了，才會這樣吧？

來嚐嚐看味道！
你幹嘛～
喝個夠吧!!

你不擦防曬乳嗎？
沒關係啦！

嗚～變烤豬了
蘆薈
你有沒有聞到烤肉味啊？
好像有耶！

關於解剖學的小知識

## 從小便看出健康

由於尿液是新陳代謝活動的結果，因此，成分和顏色會因身體狀況或腎臟狀況而產生變化。

1. 淡黃色尿液

攝取很多水分

2. 螢光黃色尿液

攝取了維生素

3. 橙色尿液

水分攝取不足或脫水

4. 橙色、鮮紅色、暗紅色等參雜血水的尿液

泌尿系統發炎（膜性腎絲球腎炎、尿道炎）

5. 咖啡色尿液

橫紋肌溶解症、肝臟疾病

6. 綠色尿液

服用抗憂鬱症藥劑（含有阿米替林成分等）

在尿液測試時，會使用試紙檢查紅血球（血尿）、白血球（發炎）、尿蛋白（albuminuria）、葡萄糖（糖尿病）、酮體（糖尿病；斷食）等。

從前，有個在販賣人體各部位公仔的小紅帽…

身為解剖學狂粉，我下定決心了！

最終回

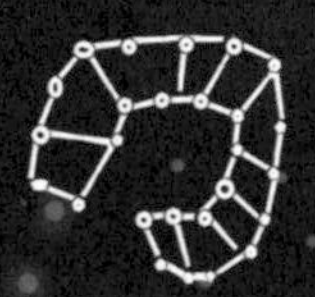

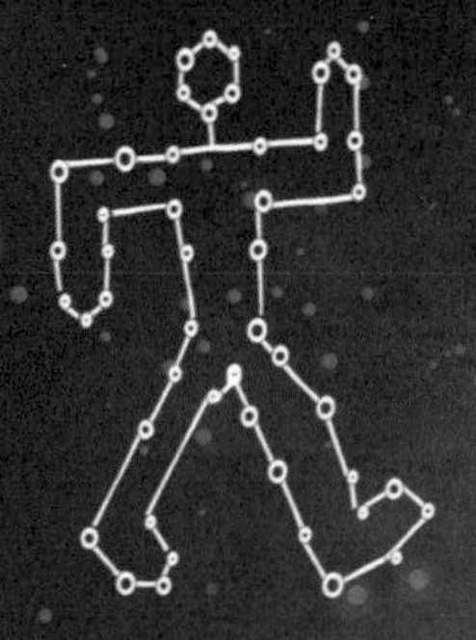

The Hikikomori's Guide
to the Body

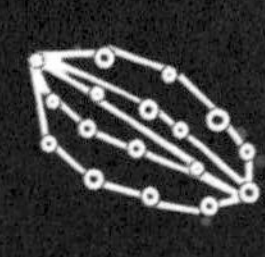

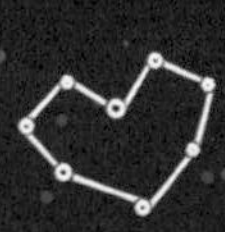

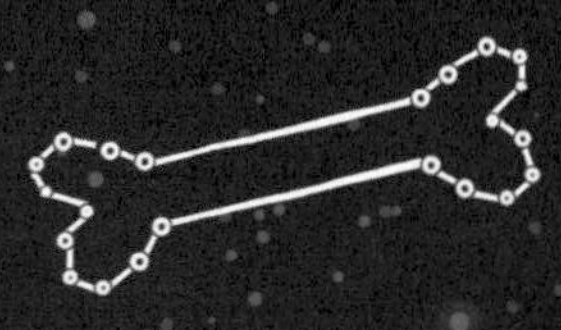

《銀河便車指南》｜道格拉斯．亞當斯｜1979

原本說要經營粉絲團，然而…

學解剖學的人，會學到「三種語言」，

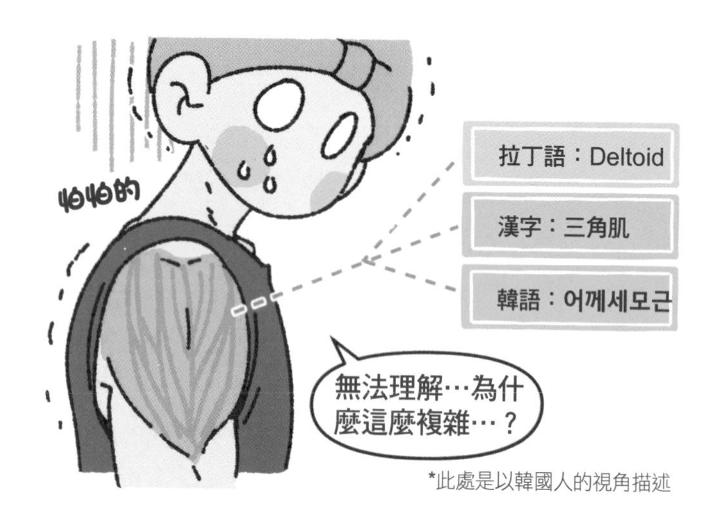


*此處是以韓國人的視角描述

因為這三種語言，都有各自的優缺點。

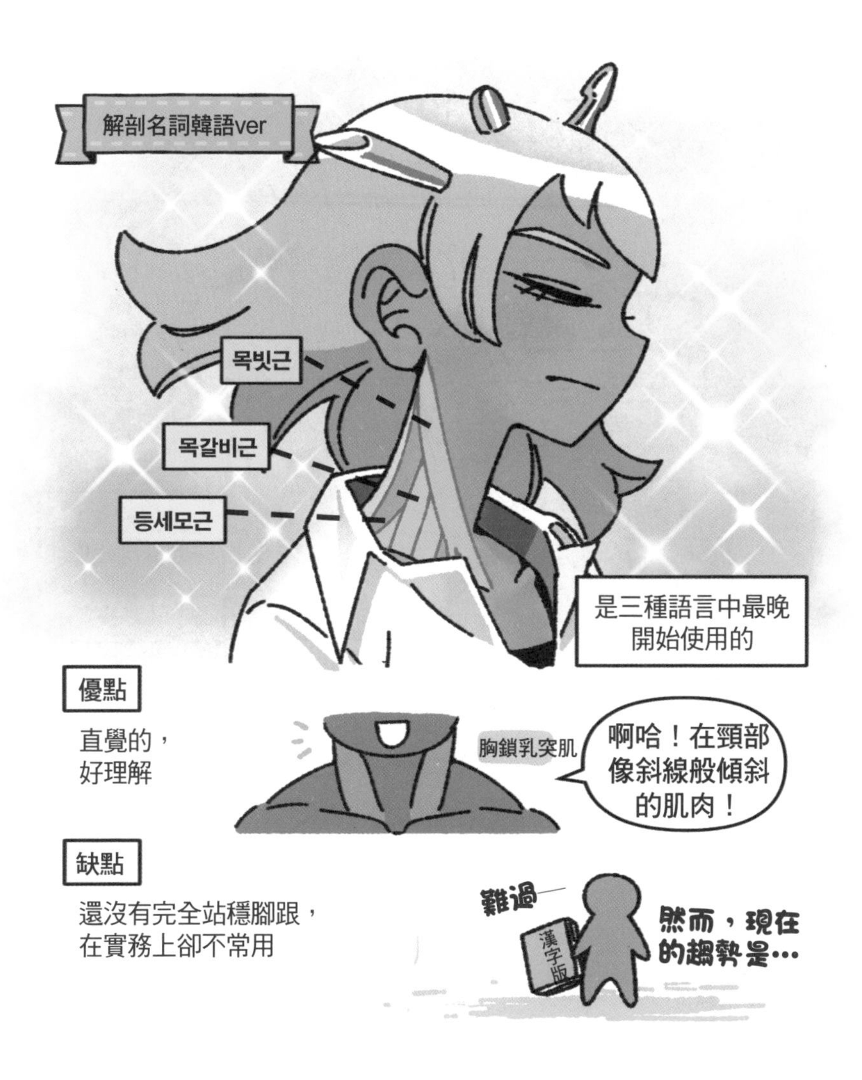


不幸的是，對於初學者來說很輕鬆，但對於過去一直學習這方面的人而言，卻是最難的。

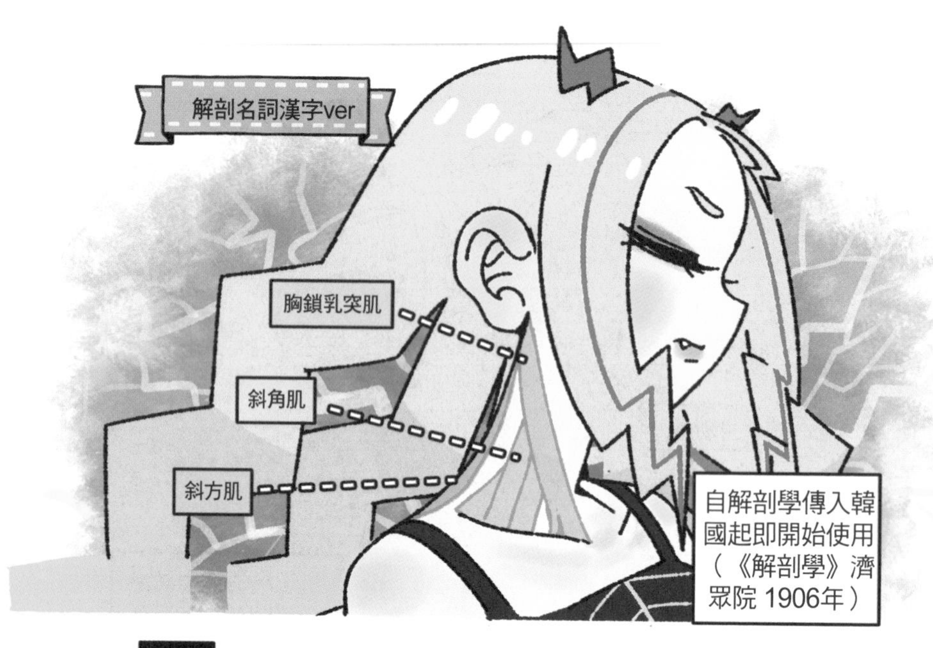


**優點**

大眾較熟悉

**缺點**

對於不懂漢字的人來說，會難以直接聯想和理解

## 偶爾會出現韓文和漢字混淆的狀況…

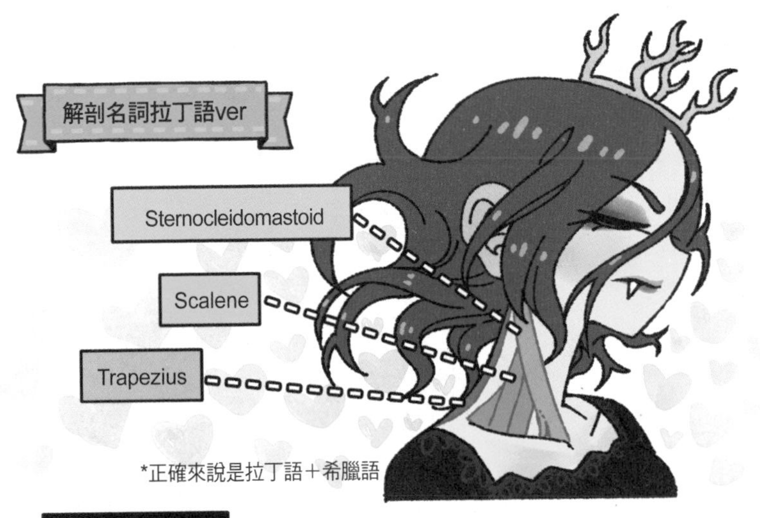


**優點：拉丁語**

在醫學上，是全世界通用的語言，可以查詢到許多相關資料

**缺點：拉丁語**

（對台灣人而言）毫無根據的語感，理解的門檻很高。

換句話說，這門學科完全可以透過背誦來逐漸掌握。與其他科學不同，即使在「在毫無基礎的情形下學習」也沒問題。

另外，這個領域不會有「大的變動」，創新的壓力也比較小。

最近解剖學最大的話題，大概是2016年提出的「股五頭肌」。

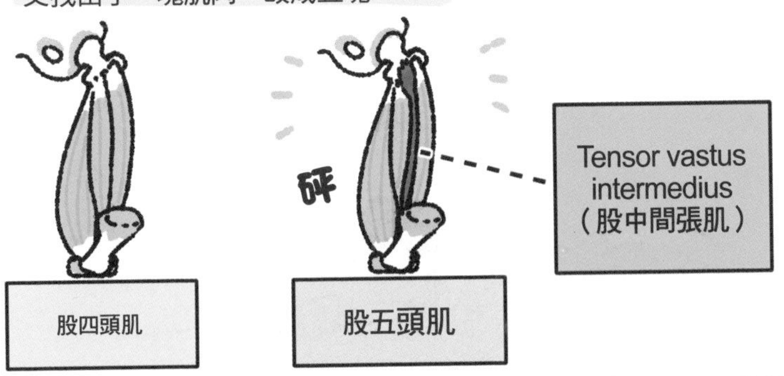


*這只是「重新定義」現有的理論，而不是一個顯著的變化

雖然有些複雜，但我想記住各個骨骼、肌肉的名字，說不定哪天能派上用場。

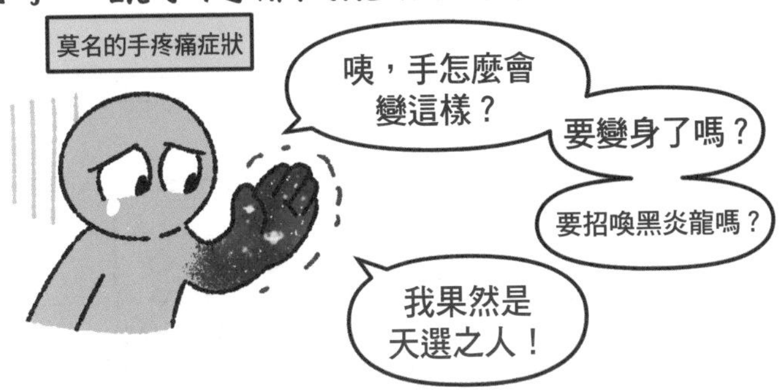


因為學習了解剖學，即使受傷了，也比較不會過度慌張。

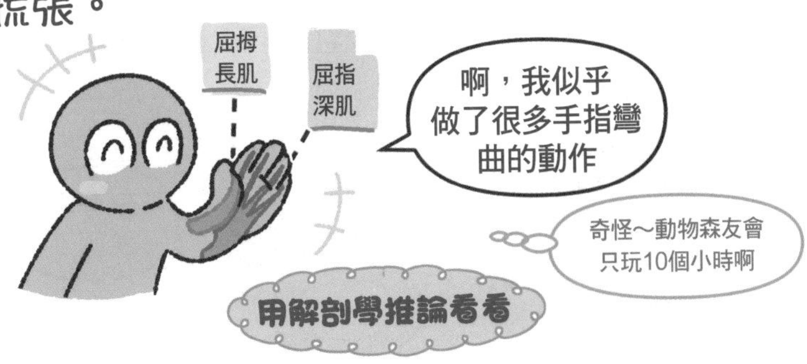

透過知識，我們可以降低「想像的恐懼」。

從可能性較高的狀況來推斷出受傷的前因後果，也等於是找回了對身體的「主導權」。

雖然我們還是會去醫院看醫生，但是先掌握「問題的大小」，至少不會茫然地擔心和不安

但是，沒必要像掃描一樣，從頭到尾背誦起來。

更重要的是，如果清楚知道正確名稱，搜尋到的資訊也會不一樣。

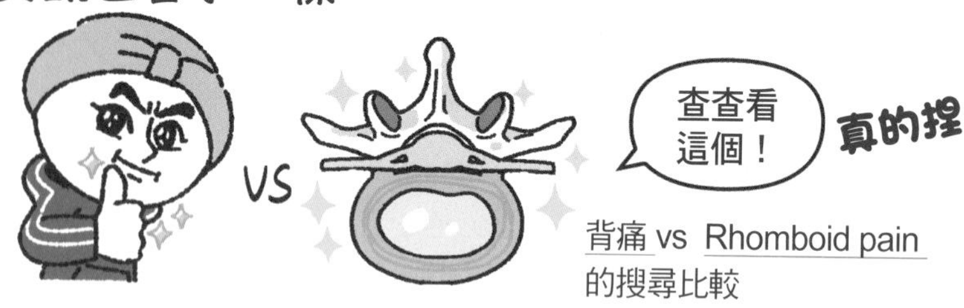


背痛 vs Rhomboid pain
的搜尋比較

人類歷來都重視「擁有名字」這件事。

你身體的某個部位，可能也在等待被你叫出名字的那一天。

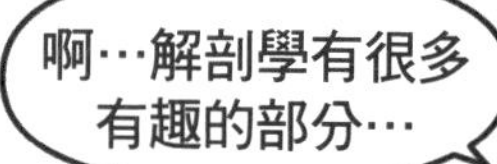

不知道什麼時候可以再次用對話框和
插圖與大家見面先提前道別！

人體旅行終點站到了，
有機會再見面囉！

哇！！
我終於長出翅膀
肌肉了…?!

原來輕飄飄地是
這種感覺～

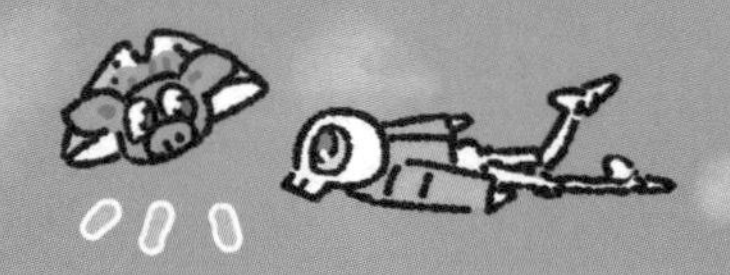

肌肉豬呀！我成為鼯鼠的夢想成真了！
你也能像水母一樣游泳耶！

THE END

# 結　語

我經常想起「在逃跑的路上，不可能有樂園」這句話。

我從小身體就經常感到不舒服，在醫院裡度過了無數的光陰。帶著想要稍微擺脫病痛的心情，開始著手查詢了各類資訊，但卻沒有多少資訊真正用得上。我從醫生那裡蒐集到各種資訊片段，我覺得就像「如果想瞭解世界歷史，必須先熟悉世界地圖一樣，如果想瞭解自己的身體，就必須從瞭解身體結構開始」。

在不斷生病、休養的過程中，有一天，當我又不得不因為病痛而放棄某些東西時，我走進了一間二手書店，買下了一本精裝版的解剖學書籍。從此，我踏進了充滿白骨與血色肌肉、有如地獄一般的風景裡。

對於以「自己的選擇」作為夢想的我來說，解剖學已成為一種滿足這個願望的黑魔法。我逐一尋找解剖學上漢字用語的含義，還紀錄下拉丁語發音，在紙上寫滿文字，並背誦下來。不斷進行自我測試、反覆背誦，我想讓自己跳脫出現實世界。

當時曾經向我的運動教練聊過自己的夢想。當我在電話裡說：「我想自己學習，並以自己力量來搞懂這門學問」時，老師說：「這樣對你不會有什麼幫助的。」然而，已被黑魔法控制的我，並沒有因此而有絲毫的動搖，我立即跑到圖書館借了一些護理系的書籍。

以解剖學這種黑魔法為夢想並開始學習，雖然學習起初感到很混亂，但奇怪的是，在不斷經歷挫折和失敗之後，它的輪廓也變得越來越清晰。

當身體的疼痛變得漸漸模糊時，我停下了腳步，回顧了自己做的事。發現自己在無嚴重疼痛症狀下，連續完成了許多目標，包括處女作的連載、書籍出版、私人教育結業證書、考取國家證照、考取運動員資格證、得到體育學院文憑等，都留下了足跡。抬起頭來，環顧四周，地獄般的風景變成了一個充滿白骨和血色的世界，就像屬於我的樂園。

現在比起以前更容易獲得豐富的資訊，已是能更輕鬆享受並施展黑魔法的時代了。我們的身體總有受傷的時候，但學習這種黑魔法對你會有幫助的，我衷心歡迎你來到解剖學樂園。

**阿杜拉**

Orange Science 04

# 超激推！解剖學笑料百科

圖／文　鄭昭映

出版發行

橙實文化有限公司 CHENG SHI Publishing Co., Ltd
粉絲團 https://www.facook.com/OrangeStylish/
MAIL: orangestylish@gmail.com

作　　者　鄭昭映
翻　　譯　譚妮如
總 編 輯　于筱芬　CAROL YU, Editor-in-Chief
副總編輯　謝穎昇　EASON HSIEH, Deputy Editor-in-Chief
業務經理　陳順龍　SHUNLONG CHEN, Sales Manager
媒體行銷　張佳懿　KAYLIN CHANG, Social Media Marketing
美術設計　楊雅屏　Yang Yaping
製版／印刷／裝訂 皇甫彩藝印刷股份有限公司

**까면서 보는 해부학 만화**


編輯中心

ADD／桃園市大園區領航北路四段382-5號2樓
2F., No.382-5, Sec. 4, Linghang N. Rd., Dayuan Dist., Taoyuan City 337,
Taiwan(R.O.C.)
TEL／（886）3-381-1618　FAX／（886）3-381-1620

經銷商

聯合發行股份有限公司
ADD／新北市新店區寶橋路235巷弄6弄6號2樓
TEL／（886）2-2917-8022　FAX／（886）2-2915-8614
初版日期 2023年7月